配电网单相接地故障处理

刘健　宋国兵　张志华　常仲学　郭琳云　著

中国水利水电出版社
www.waterpub.com.cn
·北京·

内 容 提 要

我国配电网大多采用中性点非有效接地方式，有助于保障供电可靠性，但是也存在熄弧和单相接地选线和定位问题。本书总结作者团队长期在配电网单相接地故障处理方面的研究成果，内容包括：配电网中性点接地方式及单相接地故障特征，中性点经小电阻接地配电网的单相接地故障处理，基于参数识别的小电流接地系统单相接地故障检测，基于三相电流突变的小电流接地系统单相接地故障检测，基于配电自动化的单相接地选线与定位，自动化开关协调配合的单相接地故障处理，智能接地配电系统，单相接地选线和定位性能测试技术，单相接地隐性故障查找的解决方案。

本书适合从事配电网及其自动化领域科研、设计、生产、运行和管理的工程技术人员和管理人员阅读，也可作为电气工程专业研究生和高年级本科生教材和教学参考书。

图书在版编目（CIP）数据

配电网单相接地故障处理 / 刘健等著. -- 北京 : 中国水利水电出版社, 2018.10(2023.5重印)
ISBN 978-7-5170-7070-2

Ⅰ. ①配… Ⅱ. ①刘… Ⅲ. ①配电系统－接地保护－故障修复 Ⅳ. ①TM727

中国版本图书馆CIP数据核字(2018)第241938号

书　　名	配电网单相接地故障处理 PEIDIANWANG DANXIANG JIEDI GUZHANG CHULI
作　　者	刘健　宋国兵　张志华　常仲学　郭琳云　著
出版发行	中国水利水电出版社 （北京市海淀区玉渊潭南路1号D座　100038） 网址：www.waterpub.com.cn E-mail：sales@mwr.gov.cn 电话：（010）68545888（营销中心）
经　　售	北京科水图书销售有限公司 电话：（010）68545874、63202643 全国各地新华书店和相关出版物销售网点
排　　版	中国水利水电出版社微机排版中心
印　　刷	北京市密东印刷有限公司
规　　格	184mm×260mm　16开本　8.25印张　196千字
版　　次	2018年10月第1版　2023年5月第2次印刷
印　　数	3001—4500册
定　　价	**48.00**元

“接地问题”最接地气

我国电力系统中配电线路的单相接地故障是长期困扰我们的一个难题。由于配电网大多采用中性点非有效接地方式（即不接地或经消弧线圈接地）且经常伴有电弧，使得发生单相接地时其故障点的定位和处理尤为复杂，因此业界认为配电网单相接地故障处理是电力系统中最接地气的问题之一。

近年来，围绕配电网单相接地故障定位和处理，许多学者和电力专家投入了大量精力，潜心研究，取得了一些实质性的进展并应用于工程实践，为配电网的安全运行和提高供电可靠性做出了不懈努力。刘健教授是国内配电领域的资深专家，也是在配电自动化和配电故障处理方面颇有成就的学术带头人。他本人及其领导的团队长期致力于配电网接地故障特性及其处理技术的研究，在理论分析上、功能实现上以及相关装置研发上，都做出了突出的成绩。为了给大家分享其成果，刘健教授牵头执笔撰写了《配电网单相接地故障处理》，为解决这一难题提供了很有价值的参考和借鉴。

全书共有 10 章。第 1 章介绍了配电领域在接地故障处理方面已有的研究成果；第 2 章论述了配电网中性点接地方式及单相接地故障特征；第 3 章论述了中性点经小电阻接地配电网的单相接地故障处理；第 4 章论述了基于参数识别的小电流接地系统单相接地故障检测；第 5 章论述了基于三相电流突变的小电流接地系统单相接地故障检测；第 6 章论述了基于配电自动化的单相接地选线与定位；第 7 章论述了自动化开关协调配合的单相接地故障处理；第 8 章介绍了智能接地配电系统；第 9 章介绍了单相接地选线和定位性能测试技术；第 10 章介绍了单相接地隐性故障查找的解决方案。

该书在总结和分析国内学者、专家已有研究成果的基础上，创新地提出了配电网单相接地故障处理的技术观点和实现方法，其突出之处在于：在单相接地故障处理中抓住“熄弧”这个关键因素，采用主动电弧转移方式快速熄灭电弧，使绝大多数单相接地故障得以自愈；对于永久性故障则采取中性点投入中电阻倍增接地馈线上游零序电流的方式，启动馈线上的反时限零序保护实现选段跳闸将其隔离，以确保供电安全和可靠性；充分利用配电自动化系统，将配电终端的故障信息就地处理和主站软件功能相结合来提高故障点定位效率和准确性；研制出专用测试设备，可在现场产生各种类型的单相接地现象，从而测试各种原理单相接地选线和定位装置的性能，还可以测试互感器、继电保护、通信、配电终端、配电自动化主站等各个环节的相互配合。

我与刘健教授多年在配电领域共同辛勤耕耘，不仅钦佩他严谨的学术作风和深厚的技术功底，更有感于他对事业的热爱。今天有幸再次为他的新书作序，我相信该书的出版又将给业界提供了一本不可多得的好读物。

《配电网单相接地故障处理》既可以直接指导配电网生产运行、配电自动化系统功能测试和工程实践，还可以用于指导配电装备制造企业有关自动化装置及其软件功能的研发或改进，另外，也可以作为大学及中专院校电力系统专业的辅助教材和参考书。

全国输配电技术协作网（EPTC）
智能配电技术专委会常务副主任兼秘书长

前　言

我国配电网大多采用中性点非有效接地方式，发生单相接地时流过故障点的电流小、电弧能量低、破坏力弱，只要能及时有效地熄灭电弧，绝大多数单相接地故障都是可以“自愈”的瞬时性故障；但是，如果电弧长期不能熄灭，则有可能引发严重的后果。

中性点非有效接地方式的另一个特点是接地过渡电阻范围大、高阻接地时的故障现象弱，给单相接地选线和定位带来一定的困难。对此，作者团队长期致力于这个领域的研究和工程实践，在配电网单相接地故障检测和故障处理领域已经取得了大量研究成果凝练在本书中。全书分为10章：第1章，概述了其他学者已有的研究成果；第2章，论述配电网中性点接地方式及单相接地故障特征；第3章，论述中性点经小电阻接地配电网的单相接地故障处理；第4章，论述基于参数识别的小电流接地系统单相接地故障检测；第5章，论述基于三相电流突变的小电流接地系统单相接地故障检测；第6章，论述基于配电自动化的单相接地选线与定位；第7章，论述自动化开关协调配合的单相接地故障处理；第8章，论述智能接地配电系统；第9章，论述单相接地选线和定位性能测试技术；第10章，论述单相接地隐性故障查找的解决方案。

刘健教授负责组织全书内容，并撰写第1、第6、第8章；宋国兵教授撰写第4章和第5章；张志华高级工程师撰写第7章和第9章；常仲学撰写第2章和第3章；郭琳云博士撰写第10章。

感谢中国电力科学研究院赵江河教授为本书题写书名，南瑞集团沈兵兵教授为本书作序，还要感谢侯义明、徐丙垠、薛永端、李永禄、沈兵兵等教授和赵江河高级工程师与作者的讨论和启发，感谢许继集团、南瑞集团、安徽一天、上海合凯、西安兴汇等制造企业实现本书中的新原理，感谢北京电力公司、山东省电力公司、江苏省电力公司、陕西省电力公司等应用书中的新技术，感谢王玉庆硕士和田晓卓硕士对本书的帮助。

书中不妥之处敬请读者批评指正。

作者

2018年9月

目　录

第1章

绪论

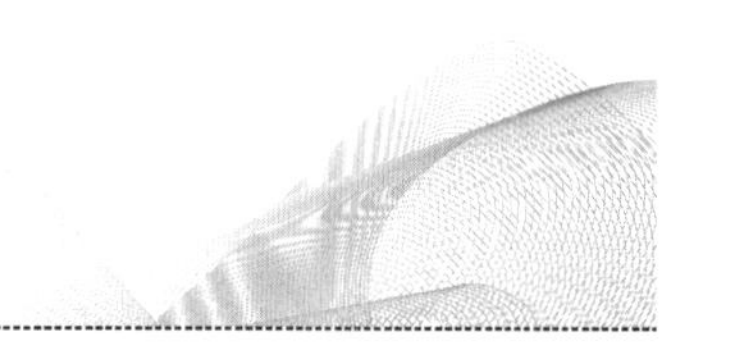

1.1 配电网单相接地故障处理的意义

配电网的中性点接地方式分为直接接地、经消弧线圈接地、经电阻接地和不接地4种。选择中性点接地方式，需考虑供电可靠性（如停电次数、停电持续时间、影响范围等）、安全因素（如熄弧和防触电的处理速度、跨步电压等）、过电压因素和继电保护的方便性等。

各国配电网的中性点接地方式各不相同，如：美国的中压配电网的分支线采用单相供电，因此采用中性点直接接地方式；俄罗斯、德国、奥地利等大多采用中性点经消弧线圈接地方式；英国、韩国、新加坡等大多采用中性点经小电阻接地方式；意大利、芬兰、日本等兼有中性点不接地和经消弧线圈接地方式；法国则经历了从中性点不接地改造为经小电阻接地方式，然后又改为中性点经消弧线圈接地方式的过程；日本兼有中性点不接地和经消弧线圈接地方式。

GB 50064—2014《交流电气装置的过电压保护和绝缘配合设计规范》推荐了我国配电网中性点接地方式的选择原则：当单相接地电容电流不大于10A时，可采用中性点不接地方式；当超过10A又需在接地故障条件下运行时，应采用中性点谐振接地方式。国家电网公司企业标准Q/GDW 10370—2016《配电网技术导则（修订版）》则对上述原则进行了进一步细化，规定：在电容电流小于10A时，推荐采用中性点不接地方式；当电容电流在10～150A时，推荐采用中性点经消弧线圈接地方式；当电容电流大于150A时，可考虑采用中性点经小电阻接地方式。

现实情况是，我国配电网大多采用中性点非有效接地方式（包括中性点不接地方式和经消弧线圈接地方式），只在电缆化率比较高的区域采用中性点经小电阻接地方式。

中性点非有效接地方式的优点在于容易保障较高的供电可靠性，其原因在于：单相接地点流过的电流小、电弧能量低、破坏力弱，只要能及时有效地熄灭电弧，绝大多数单相接地故障都是瞬时性故障，随着电弧的熄灭，单相接地馈线也就自愈了。但是，如果电弧长期不能熄灭，则有可能引发严重的后果，例如：①因电弧长期燃烧，原本电弧熄灭即可自愈的瞬时性故障演变成永久性故障；②间歇性弧光接地导致健全相产生高倍过电压，有可能引发破坏力更大的两相相间短路接地故障；③架空线单相接地电弧长期不灭有可能引燃周围的树木等易燃物质，甚至引爆附近的加油站；④电缆线路单相接地电弧长期不灭有可能引燃电缆沟，烧毁附近的电缆，形成“火烧连营”的恶性故障导致大面积停电等。

对于中性点非有效接地配电系统，以往的认识是在发生单相接地故障后，由于线电压仍对称，可以短时继续维持向用户供电，但对于伴随电弧的单相接地故障，继续维持供电显然是不安全的，因此，2017年颁布的Q/GDW 10370—2016指出："中性点不接地和消弧线圈接地系统，中压线路发生永久性单相接地故障以后，宜按快速就近隔离故障原则进行处理"。

综上所述，配电网单相接地故障处理具有重要的意义。

1.2 配电网单相接地故障处理的研究现状

在配电网单相接地故障检测和故障处理领域已经取得了大量研究成果，根据所采用信号的不同大致可分为利用外加信号法和故障信号法两类方法。其中：外加信号法分为强注入法和弱注入法两大类；故障信号法分为故障稳态信号法和故障暂态信号法两大类。

1.2.1 外加信号法

外加信号法是在检测到发生单相接地故障以后通过改变系统的运行状态产生扰动或者采用附加装置注入异频信号进行选线的方法，外加信号法又可进一步分为强注入法、弱注入法。

1. 拉路法

小电流接地系统单相接地故障选线多年来一直未能很好地解决，尽管国内外已经研究出许多检测技术，自动选线装置也层出不穷，但实际应用中还存在不少问题，选线正确率仍不尽人意，很多供电部门仍在采用拉路法确定故障线，即利用接地故障线路拉闸后故障现象能够消失的特点，选出故障线。该方法必然会造成非故障线停电，且自动化程度低。文献［1］希望通过拉路法的配合，实现单相接地故障的区域定位，但难以克服该方法的缺点。

2. "S注入法"

"S注入法"属于弱注入法，该方法是在配电网发生接地故障后，通过中性点向接地线路注入特定频率（频率一般取在各次谐波之间，使其不反映工频分量及高次谐波，比如225Hz）的交流电流信号，该注入信号通过故障线路经接地点流经大地与三相电压互感器中性点形成回路，利用信号探测器检测每一条馈线，有注入信号流过的线路即为故障线路[2]。

该方法的注入信号强度受电压互感器容量影响，一般注入信号比较微弱，尤其在接地电阻较大或者接地点存在间歇性电弧时，检测效果不佳。

对于接地点存在间歇性电弧的情况，文献［3］提出了一种改进方法，即"直流开路、交流寻踪"的方法。该方法首先通过故障后外加直流高压使接地点保持击穿状态，然后加入交流检测信号，通过寻踪交流信号实现选线和故障定位。但这样对于故障点的绝缘恢复不利。

3. 注入变频信号法

针对"S注入法"高阻接地时存在的问题，注入变频信号可以较好地解决。其原理是根据故障后位移电压大小不同，而选择向消弧线圈电压互感器副边注入谐振频率恒流信号或向故障相电压互感器副边注入频率为70Hz的恒流信号，然后监视各出线上注入信号产生的零序电流功角、阻尼率的变化，比较各出线阻尼率的大小，再计及受潮及绝缘老化等因素可得出选线判据。但当接地电阻较小时，信号电流大部分都经故障线路流通，导致非故障线路上的阻尼率较大[4]。该方法属于强注入法。

文献［5］提出了一种基于注入谐波原理的单相接地故障区域定位方法，它通过配电网的电压互感器向一次系统耦合信号来实现配电网单相接地故障的区域定位。文献［6］在大庆油田配电系统现有的基于注入谐波原理的自动选线装置基础上，开发了单相接地故障的区域定位功能。

4. 残流增量法

残流增量法适用于谐振接地系统，其基本原理是：在电网发生单相接地故障的情况下，如果增大消弧线圈的失谐度（或改变限压电阻的阻值），相应故障点的残余电流（即故障线路零序电流）会随之增大。此方法建立在微机的快速处理及综合分析判断基础上，具体选线过程为：当系统发生单相接地故障后，采集各条出线的零序电流；然后将消弧线圈的补偿度改变一挡，再次采集各条出线的零序电流。对比各条出线在消弧线圈换挡前后零序电流的变化量，选出其中变化量最大者，即为故障线路[7]。该方法属于强注入法。残流增量法原理简单，灵敏度和可靠性较高，不受电流互感器等测量误差影响，但是此方法需要增加专门的设备，由于运行、管理、场地等因素限制，有些情况下运行部门不能接受这些方法。

文献［8］在故障发生后通过调节消弧线圈的补偿度（即残流增量法），并利用调节前后线路上多个馈线终端单元（FTU）测量到的零序电流变化量信息确定故障区域。并提出了单相经过渡电阻接地时，将零序电流按零序电压进行折算的方法，从而解决了调节消弧线圈后零序电压发生变化的问题。在文献［8］的基础上，文献［9］针对中性点不接地系统，提出利用零序电流与零序电压的相位差进行单相接地故障区域定位；而对于中性点经消弧线圈接地系统，则仍然采用残流增量法实现单相接地故障的区域定位。

1.2.2 故障信号法

故障信号法是利用小电流接地系统发生单相接地故障时产生的故障信号进行选线的方法。按照利用故障产生信号类型的不同，故障信号法又可进一步分为故障稳态信号法、故障暂态信号法两种。

1. 故障稳态信号法

（1）工频零序电流比幅法。中性点不接地系统在发生单相接地故障时，故障线路的零序电流在数值上等于所有非故障元件对地电容电流之和，其零序电流大于健全线路零序电流，通过比较各出线零序电流幅值的大小可以选线。

这种方法在系统中某条配线很长时，可能会误判，且对消弧线圈接地系统，其选线能力将会大大降低；另外，此方法易受电流互感器不平衡、线路长短、系统运行方式及过渡电阻的影响，检测灵敏度低。

文献［10］是最早关注配电网单相接地故障区域定位方面的报道，它希望通过零序电流与时限配合实现区域定位，并给出了装置实现。文献［11］、文献［12］针对配电网线路单相接地故障，提出了一种基于区域零序电流有效值的区域定位方法。文献［13］在分析稳态法、暂态法和注入信号电流法等方法的基础上，提出一种基于零序电流的配电网单相接地故障区域定位与隔离方法。

（2）工频零序电流比相法。单相接地时，故障线路零序电流从线路流到母线，健全线路零序电流从母线流到线路，两者方向相反，据此可以进行故障选线。

这种方法在出线较短、零序电流较小时，受“指针效应”影响，相位判断困难，另外受过渡电阻和不平衡电流的影响较大，也不适用于消弧线圈接地的系统运行方式。

（3）谐波分量法。由于故障点（过渡电阻的非线性）、消弧线圈以及变压器（铁芯的非线性磁化）等电气设备的非线性影响，故障电流中存在着谐波信号（以基波和奇次谐波为主），其中以5次谐波分量为主。由于消弧线圈是按照基波整定的，即 $\omega L \approx \frac{1}{\omega C}$，可见对于5次谐波，$5\omega L \gg \frac{1}{5\omega C}$，所以消弧线圈对5次谐波的补偿作用仅相当于工频的1/25，可以忽略其影响[14]。

该方法正是利用5次谐波对于消弧线圈的补偿可以忽略这一特点，构成与中性点不接地系统相类似的保护判据，即故障线路的5次谐波零序电流比非故障线路大并且方向相反。为了进一步提高灵敏度，可将各线路的3次、5次、7次等谐波分量的平方求和后进行幅值比较，幅值最大的线路选为故障线路。也可利用与前述类似方法的5次谐波零序电流群体比幅比相法。

该方法不受消弧线圈影响，但是故障电流中的5次谐波含量较小（小于10%），检测灵敏度低。多次谐波平方和法虽能在一定程度上克服此问题，但未能从根本上解决该问题。

（4）零序电流有功分量法。由于线路的对地电导以及消弧线圈的电阻损耗，故障电流中含有有功分量。该方法利用故障线路有功分量比非故障线路大且方向相反的特征构成保护判据。具体选线装置中，可利用零序电压与零序电流计算并比较各线路零序有功功率的方向来判断[15]。

该方法不受消弧线圈影响，但是由于故障电流中有功分量非常小且受线路三相参数不平衡（“虚假有功电流分量”）的影响，检测灵敏度低，可靠性得不到保障。为了提高灵敏度，采用瞬时在消弧线圈上并联接地电阻的做法加大故障电流有功分量，但这样会使接地电流增大，加大对故障点绝缘的破坏，导致事故扩大。

文献［16］提出了采用具有测量和远程通信功能的新型配电开关构成分布式馈线测控系统，并通过监测一条馈线上每个断路器处的各相电流、电压，依据区域零序能量识别单相接地故障区域的故障定位和隔离方法。

（5）零序导纳法。该方法利用各条线路零序电压和零序电流计算出的测量导纳构成保护判据，即对于非故障线路，零序测量导纳等于线路自身导纳，电导和电纳均为正数，位于复导纳平面的第一象限；对于故障线路，零序测量导纳等于电源零序导纳与非故障线路零序导纳之和的负数，位于复导纳平面的第二、第三象限（随着消弧线圈补偿的不同而变化）。两者在复导纳平面中的范围存在明显界限，据此作为保护判据[17-20]。该方法原理上不受过渡电阻的影响，但过渡电阻较大时，电网的零序电压和零序电流均很小，影响测量导纳的测量精度。该方法对于接地点伴随不稳定间歇电弧的短路故障时几乎失效。文献［21］根据零序电流的幅值与相位在通信配合的情况下实现单相接地故障的区域定位。

（6）负序电流法。配电网发生单相接地故障时，由于负序电源阻抗比较小，故产生的负序电流大部分由故障点经故障线路流向电源，非故障线路的负序电流相对很小。利用负序电流分布的这一特点构成保护判据[22]。

该方法抗过渡电阻能力强，并且具有较强的抗弧光接地能力。该方法的缺点为系统正常运行时也会存在较大的负序电流，并且负序电流的获取远不如零序电流的获取简单、准确。

2. 故障暂态信号法

（1）首半波法。该方法基于故障发生在故障相电压接近最大值这一假设条件。在相电压达到峰值附近发生接地时，故障相电容电荷通过故障线路对故障点放电，使得故障线路短路电流的首半波和非故障线路的方向相反。这在非谐振的系统中适用，对于谐振接地的系统，由于消弧线圈中电流不能突变，必须要经过一个暂态过程，在这个暂态过程里，相当于消弧线圈不起作用，短路接地电流的方向与非故障线路的电容电流的方向是相反的[23]。

这种方法只适用于故障相电压在峰值附近接地时，而在电压过零点附近，首半波电流的暂态分量值很小，易引起误判。此外，首半波极性关系正确的时间非常短（远小于暂态过程），且受线路结构和参数影响，检测可靠性较低。

（2）基于暂态特征频段的方法。该方法研究了健全线路与故障线路入端零序阻抗的相频特性，并根据相频特性将频率分为不同区域，定义了线路首容性特征频带（SFB）。在该频带内，故障线路零序电流幅值最大，且非故障线路零序电流与故障线路零序电流极性相反，利用该频带内暂态零序电流的这一特征构成保护判据。这种方法不受消弧线圈影响，但在故障过程中（尤其是间歇性电弧接地）中，故障线和健全线的方向参量的区别不是时时存在（有可能同时为0）[24-27]。

文献［28］利用故障暂态电压、电流特征频段内分量计算无功功率，根据故障点前后暂态无功功率方向的不同确定故障区域。并指出在故障信息不易获取的检测节点处，可以利用电磁场感应获取故障暂态信息，即通过测量架空线路下方垂直地面方向电场获取小电流接地故障暂态电压信息，测量水平方向磁场获取故障暂态电流信息。

（3）衰减直流分量法。该方法是针对接地故障发生在电压过零时刻的一种暂态选线方法。该方法通过故障发生在过零时刻时，高频暂态分量小（考虑到各种干扰，暂态选线方法可能失灵），而衰减直流分量较大的特点构成判据。对于非故障线路，流经的零序电流中仅含有暂态电容电流分量，不含有电感电流分量，故没有衰减直流分量；对于故障线路，流经的零序电流主要是暂态电感电流，其衰减直流分量很大，它通过故障线路和消弧线圈形成回路；对于母线故障，衰减直流分量直接流入消弧线圈，各线路上的衰减直流分量均很小[29]。

该方法在电压过零时具有很高的灵敏度，而当电压越是靠近峰值时，该方法的灵敏度降低。故本方法可以作为辅助判据，即故障发生在电压峰值时可靠闭锁。该方法与暂态量选线方法配合可以构成完善的故障选线方法。

（4）基于小波分析的选线方法。小波分析是一种信号处理理论和方法，它的基本原理是利用时间有限且频带也有限的小波函数代替稳态正弦信号作为基函数对暂态信号进行分解，它可以更好地反映暂态信号包含的频率成分随时间变化的特点，特别是对暂态突变信号和微弱信号的变化较敏感。该方法根据故障线路上暂态零序电流某分量的幅值高于非故障线，两者畸形相反的特征，利用合适的小波变化对瞬时电流信号进行变换，提取次分量，选择故障线路[30-33]。小波分析法的技术难点在于小波基函数及小波分解尺度的选择缺乏理论依据。

（5）基于模型参数识别的选线方法。该方法避开了传统的利用电气量特征进行选线的方法，而是通过建立每条馈线外部故障时的数学模型，利用零序电压、电流数据求解模型参数，根据得到的线路对地电容判断实际发生的故障是否符合所建立的模型，从而进一步识别出故障线路[34]。

该方法暂态信号利用较充分，利用模型适用频带内丰富的故障信息实现参数识别；该方法避开了电气量的比较，即避开了暂态过程中暂态量的诸多问题，转而求解模型内的参数，这个参数是相对固定的，不随过渡电阻大小等外部因素变化。

（6）基于时域下相关性分析的选线方法。该方法通过引入相关性系数的方法实现选线。该方法选取特征频带内的暂态信号进行选线，通过比较各条线路零序电流与零序电压导数的相关性系数进行选线。非故障线路零序电流与零序电压导数的相关性系数为1，故障线路零序电流与零序电压导数的相关性系数为－1，通过此差异构成保护判据[35-36]。

1.2.3 熄弧技术

一些单相接地故障伴随着电弧现象，因此及时可靠地熄灭电弧具有重要意义。熄弧技术可以分为跳闸熄弧、消弧线圈熄弧和主动转移熄弧三类。

1. 跳闸熄弧

跳闸熄弧是在发生单相接地故障时，零序电流保护动作跳闸，切断零序电流通路达到熄灭电弧的目的，然后进行重合闸，若重合成功则为瞬时性单相接地故障，否则为永久性单相接地故障。

这种熄弧方法多用在中性点经小电阻接地配电系统中，可采用三段式零序电流保护、定时限零序电流保护或反时限零序电流保护。随着 Q/GDW 10370—2016 的颁布，跳闸熄弧也可以应用于中性点非有效接地配电系统中。

2. 消弧线圈熄弧

消弧线圈熄弧是在中性点与地之间配置一个电感消弧线圈的熄弧方式，在发生单相接地故障时，流过消弧线圈的电感电流 $\dot{I}_L$ 与配电系统的电容电流 $\dot{I}_C$ 相位相反、叠加补偿后有效降低流过单相接地点的电流，从而促进电弧熄灭。在电弧熄灭后，消弧线圈还可限制故障相电压的恢复速度，给故障点绝缘恢复提供时间，有效降低电弧重燃的概率。

可见，消弧线圈的电感量需要根据配电系统电容电流的大小进行调整，消弧线圈的补偿程度可用失谐度 V 来反映，即

$$V=(I_C-I_L)/I_C \tag{1.1}$$

当 $V=0$ 时为全补偿，当 $V>0$ 时为欠补偿，当 $V>0$ 时为过补偿。

在全补偿时，容易引起串联谐振，显著升高中性点位移电压，威胁设备绝缘，因此不宜使用。在欠补偿时，当配电网切除部分馈线或馈线段后容易形成全补偿，从安全角度出发，也不宜使用。一般都要将消弧线圈调整到过补偿状态，即 $V\approx-10\%$。

在调整方式上，消弧线圈有人工调整消弧线圈和自动跟踪补偿装置调整两种，后者可自动跟踪测量电容电流并适机对消弧线圈进行调整。

消弧线圈又可分为预调式和随调式两种调谐方式，前者事先根据电容电流将消弧线圈调整到合适补偿点运行，后者在接地故障发生后根据正常运行时测到的电容电流将消弧线圈迅速调整到位，当接地故障排除后又调整到远离全补偿点。

但是，消弧线圈只能补偿工频电容电流，而不能补偿阻性和高频电流，因此即使有时已经将流过接地点的工频电流补偿到很小，却仍不能熄灭电弧。

3. 主动转移熄弧

主动转移熄弧应用在中性点非有效接地配电系统中，它是通过在变电站配置可分相操作的接地开关，当配电系统发生单相接地故障时，将变电站内相应相的接地开关接地，从而将单相接地故障点的电弧能量转移到相应相已经接地的接地开关，从而实现熄弧。

主动转移熄弧既可转移流过接地点的工频电流，也可转移阻性和高频电流，具有很强的熄弧能力。早期的产品为了降低成本，采用熔断器作为保护手段，容易因长期通流达不到熔断条件而爆炸，后来的产品都不再采用熔断器，从而解决了这个缺陷。

但是，在故障相接地开关接地以及断开故障相接地开关的瞬间，若不加处理，容易引起强烈的暂态过程，威胁设备的安全甚至引起保护误动。采用软开关或快速开关可以有效解决这个问题。

1.3 本书技术路线

本书是总结作者团队长期在配电网单相接地故障处理方面的研究成果的学术著作，因此除了基础理论之外，对其他学者已有的研究成果仅在第 1 章中加以概述，并列出参考文献，以满足读者扩展阅读的需要。

第 2 章为理论部分，是全书其他章节的基础，主要论述配电网中性点接地方式及单相接地故障特征，并分别论述中性点经小电阻接地配电网、中性点经消弧线圈接地配电网、中性点不接地配电网在发生单相接地故障时的稳态特征和暂态特征。

第 3 章论述中性点经小电阻接地配电网的单相接地故障处理方法，主要阐述三段式零序电流保护、高阻接地的特征以及高阻接地故障的两种保护方法，即反时限零序电流保护和基于 3 次谐波电流幅值和相位的接地保护。

第 4 章和第 5 章分别详细论述两种基于暂态分量的单相接地故障检测方法，即基于参数识别的小电流接地系统单相接地故障检测和基于三相电流突变的小电流接地系统单相接地故障检测。

第 6 章论述基于集中智能配电自动化系统的配电网单相接地选线和故障定位方法，重点阐述：根据下游是否存在单相接地，将采用各种单相接地故障检测原理的终端或故障指示器的单相接地故障特征就地两值化的方法、集中智能配电自动化系统主站的单相接地故障定位方法、利用单相接地定位信息之间的相互关联性以及多种定位原理上报的定位信息的冗余性，采用极大似然估计和贝叶斯方法实现容错故障定位的方法。

第 7 章论述不依赖通信和主站的基于自动化开关协调配合的配电网单相接地故障定位方法，包括小电阻接地配电系统的自动化开关配合方法和中性点非有效接地配电系统的自动化开关配合方法。

第 8 章论述作者团队发明的智能接地配电系统，它是由在变电站配置的具有主动转移型熄弧功能的智能接地装置和在馈线分段处配置具有零序保护功能的配电终端构成的系统，能够快速熄灭故障相电弧，对于永久性单相接地可实现接地选线、定位和选段隔离。详细论述关键技术问题，包括软开关技术、高阻接地定位技术、关键参数设计和长馈线重载应用问题等。

第 9 章论述作者团队发明的配电网单相接地故障处理性能测试技术，主要阐述单相接地故障现象的模拟、可控弧光放电装置、移动式单相接地现场测试装备、用于单相接地故障处理性能检测的真型配电网试验平台等。

即使采取了自动化手段，为了修复故障，人工现场查线仍是必不可少的。自动化手段只能帮助定位到由单相接地检测装置分割出的区域，而最终还要人工现场查线确定具体的位置。本书第 10 章即论述单相接地隐性故障查找的解决方案和工程实践。

本章参考文献

[1] 郭上华，肖武勇，陈勇，等．一种实用的馈线单相接地故障区域定位与隔离方法 [J]．电力系统自动化，2005，29 (19)：79-81.

[2] 王慧，范正林，桑在中．“S 注入法”与选线定位 [J]．电力自动化设备，1999，19 (3)：20-22.

[3] 张慧芬，潘贞存，桑在中．基于注入法的小电流接地系统故障定位新方法 [J]．电力系统自动化，2004，28 (3)：64-66.

[4] 曾祥君，尹项根，于永源，等．基于注入变频信号法的经消弧线圈接地系统控制与保护新方法 [J]．中国电机工程学报，2000，20 (1)：29-32.

[5] 张丽萍．配电网单相接地故障区域定位技术研究 [D]．大庆：大庆石油学院，2008.

[6] 张丽萍，刘增，李民．配电网单相接地故障区域的定位 [J]．油气田地面工程，2009，28 (3)：48-50.

[7] 齐郑，杨以涵．中性点非有效接地系统单相接地选线技术分析 [J]．电力系统自动化，2004，28 (14)：1-5.

[8] 齐郑，郑朝，杨以涵．谐振接地系统单相接地故障区域定位方法 [J]．电力系统自动化，2010，34 (9)：77-80.

[9] 齐郑，高玉华，杨以涵．配电网单相接地故障区域定位矩阵算法的研究 [J]．电力系统保护与控制．2010，38 (20)：159-163.

[10] 严凤，陈志业，冯西政．检测与隔离配网单相接地区域的微机装置 [J]．华北电力大学学报，1996，23 (3)：13-17.

[11] 张国平，杨明皓．配电网 10kV 线路单相接地故障区域定位的有效值法 [J]．继电器，2005，33 (8)：34-37.

[12] Zhu J, Lubkeman DL, Girgis AA. Automated fault location and diagnosis on electric power distribution feeders [J]. IEEE Transactions on Power Delivery, 1997, 12 (2): 801-809.
[13] 刘云. 铁路自闭线故障区域定位与隔离的研究 [D]. 武汉：华中科技大学，2006.
[14] 徐丙垠，薛永端，李天友，等. 小电流接地故障选线技术综述 [J]. 电力设备，2005，6 (4): 1-7.
[15] 艾冰，张如恒，李亚军. 小电流接地故障选线技术综述 [J]. 华北电力技术，2009，(6): 45-49.
[16] 夏雨，刘全志，王章启. 配电网馈线单相接地故障区域定位和隔离新方法研究 [J]. 高压电器，2002，38 (4): 26-29.
[17] 曾祥君，尹项根，张哲，等. 零序导纳法馈线接地保护的研究 [J]. 中国电机工程学报，2001，21 (4): 396-399.
[18] 唐轶，陈奎，陈庆，等. 导纳互差之绝对值和的极大值法小电流接地选线研究 [J]. 中国电机工程学报，2005，25 (6): 49-54.
[19] 唐轶，陈奎，陈庆，等. 馈出线测量导纳互差求和法小电流接地选线研究 [J]. 电力系统自动化，2005，29 (11): 69-73.
[20] 唐轶，陈庆，刘昊. 补偿电网单相接地故障选线 [J]. 电力系统自动化，2007，31 (16): 83-86.
[21] 夏雨，贾俊国，靖晓平，等. 基于新型配电自动化开关的馈线单相接地故障区域定位和隔离方法 [J]. 中国电机工程学报，2003，23 (1): 102-106.
[22] 曾祥君，尹项根，张哲，等. 配电网接地故障负序电流分布及接地保护原理研究 [J]. 中国电机工程学报，2001，21 (6): 84-89.
[23] 肖白，束洪春，高峰. 小电流接地系统单相接地故障选线方法综述 [J]. 继电器，2001，29 (4): 16-20.
[24] 薛永端，冯祖仁，徐丙垠，等. 基于暂态零序电流比较的小电流接地选线研究 [J]. 电力系统自动化，2003，27 (9): 48-53.
[25] 薛永端，徐丙垠，冯祖仁，等. 小电流接地故障暂态方向保护原理研究 [J]. 中国电机工程学报，2003，23 (7): 51-56.
[26] 张新慧，潘贞存，徐丙垠，等. 基于暂态零序电流的小电流接地故障选线仿真 [J]. 继电器，2008，36 (3): 5-9.
[27] Pourahmadi-nakhli M, Safavi AA. Path characteristic frequency—based fault locating in radial distribution systems using wavelets and neural networks [J]. IEEE Transactions on Power Delivery, 2011, 26 (2): 772-781.
[28] 孙波，孙同景，薛永端，等. 基于暂态信息的小电流接地故障区域定位 [J]. 电力系统自动化，2008，32 (3): 52-55.
[29] 束洪春，刘娟，司大军，等. 自适应消弧线圈接地系统故障选线实用新方法 [J]. 电力系统自动化，2005，29 (13): 64-68.
[30] 付连强. 基于小波分析的小电流接地系统单相接地故障选线的研究 [D]. 济南：山东大学，2005.
[31] Chaari O, Meunier M, Brouaye F. Wavelets: a new tool for the resonant grounded power distribution systems relaying [J]. IEEE Transactions on Power Delivery, 1996, 11 (3): 1301-1308.
[32] Borghetti A, Bosetti M, Nucci CA, et al. Integrated use of time-frequency wavelet decompositions for fault location in distribution networks: theory and experimental validation [J]. IEEE Transactions on Power Delivery, 2010, 25 (4): 3139-3146.
[33] Borghetti A, Bosetti M, Silvestro MD, et al. Continuous-wavelet transform for fault location in distribution power networks: definition of mother wavelets inferred from fault originated transients

[J]. IEEE Transactions on Power Systems, 2008, 23 (2): 380-388.
[34] 索南加乐，张超，王树刚．基于模型参数识别法的小电流接地故障选线研究 [J]. 电力系统自动化，2004，28 (19)：65-70.
[35] 李森，宋国兵，康小宁，等．基于时域下相关分析法的小电流接地故障选线 [J]. 电力系统保护与控制，2008，36 (13)：15-20.
[36] Xu BY, Ma SC, Xue YD, et al. Transient current based earth fault location for distribution automation in non-effectively earthed networks [C]. The 20th International Conference and Exhibition on Electricity Distribution—Part 1, 2009.

第 2 章

配电网中性点接地方式及单相接地故障特征

故障特征分析是继电保护研究的前提和基础，单相接地故障特征与中性点接地方式密切相关，相同故障条件下不同中性点接地方式的配电系统，其接地故障所表现出的特征及危害完全不同，采取的保护策略也不应该相同。针对各种中性点接地方式，明确其故障过程中的电气量特征对研究对应的保护策略具有重要意义。本章主要论述配电网的中性点接地方式以及不同中性点接地方式下的单相接地故障特征。

2.1 配电网中性点接地方式及其特点

对于中性点接地方式，有以下分类方法：

(1) 按照中性点是否接地可以分为接地和不接地两种。

(2) 按照单相接地故障后接地电流大小可以分为有效接地和非有效接地两种，习惯上称大电流接地和小电流接地。

(3) 按照中性点与大地的连接关系可以分为直接接地和非直接接地两种。

从系统的角度看，对应于不同的中性点接地方式，与之相连的电力系统被称为接地系统、不接地系统、有效接地系统（大电流接地系统）、非有效接地系统（小电流接地系统）、直接接地系统和非直接接地系统。

3 种不同分类法的中性点接地方式如图 2.1 所示。

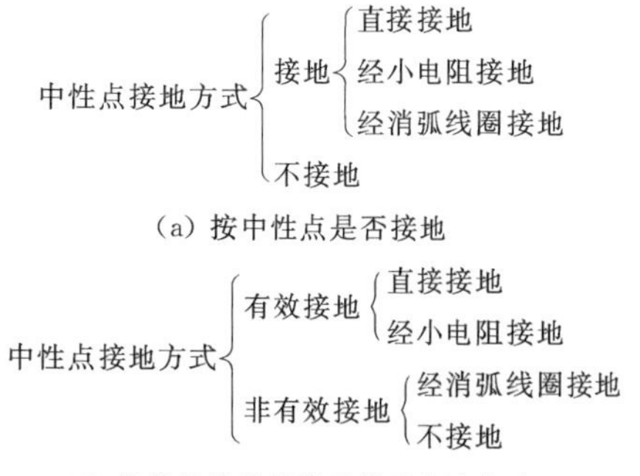

中性点接地方式
- 直接接地
- 非直接接地
  - 不接地
  - 经小电阻接地
  - 经消弧线圈接地

(c) 按中性点与大地的连接关系

图 2.1 中性点接地方式分类

中性点直接接地系统如图 2.2 所示，接地故障发生后，接地点与大地经中性点和相导线形成故障回路，因此故障相将有较大的短路电流流过。为了保证设备不损坏，断路器必须快速动作切除故障线路。结合单相接地故障发生的概率，这种接地方式对于用户供电的可靠性最低。另外，这种中性点接地系统发生单相接地故障时，接地相电压降低，电流增大，而非接地相电压和电流几乎不变，因此该接地方式可以不考虑过电压问题。

中性点经小电阻接地系统如图 2.3 所示，接于中性点与大地之间的电阻 R 限制了接地故障电流的大小，也限制了故障后过电压的水平，是一种国外应用较多、国内逐渐开始采用的中性点接地方式，属于中性点有效接地系统。接地故障发

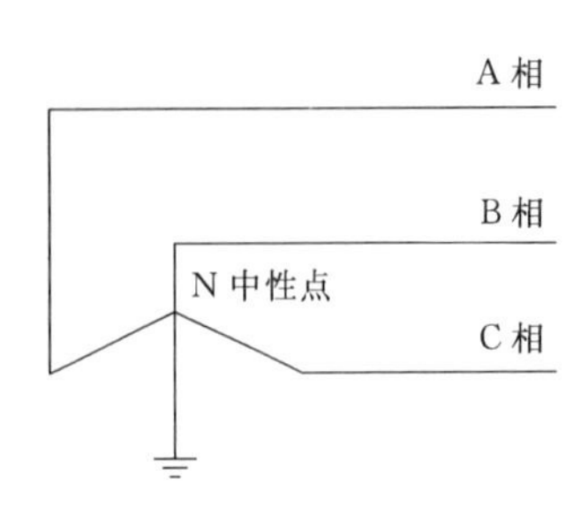

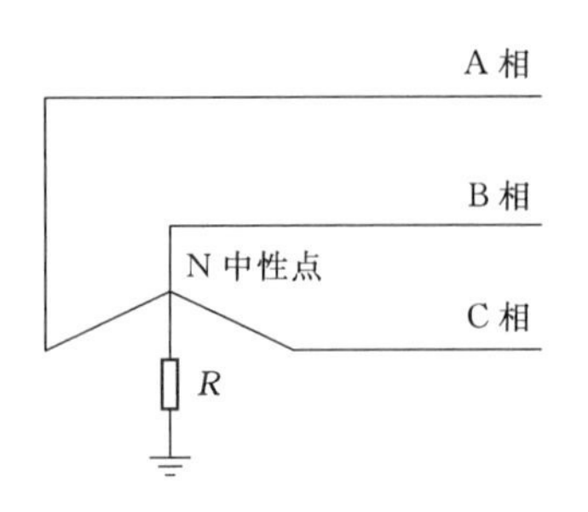

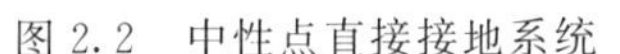

图 2.2　中性点直接接地系统　　　　图 2.3　中性点经小电阻接地系统

生后依然有数值较大的接地故障电流产生，断路器必须快速切除故障，因此会导致对用户的供电中断。

中性点不接地系统如图 2.4 所示，发生单相接地故障后，由于中性点不接地，所以没有形成短路电流通路。故障相和非故障相都将流过正常负荷电流，线电压仍然保持对称，故障可以短时不予切除，而这段时间可以用于查明故障原因并排除故障，或者进行倒负荷操作，所以该中性点接地方式下供电可靠性高。但是接地相电压将降低，非接地相电压将升高至线电压，对于电气设备绝缘造成威胁，所以单相接地发生后不能长期运行。事实上，对于中性点不接地系统，由于线路分布电容（电容数值不大）的存在，接地点和导线对地电容还是能够形成电流通路的，从而有数值不大的容性电流在导线和大地之间流通。一般情况下，这个容性电流在接地故障点将以电弧形式存在，电弧高温会损毁设备，引起附近可燃物燃烧起火，不稳定的电弧燃烧还会引起弧光过电压，造成非接地相绝缘击穿进而发展成为相间故障并导致断路器动作跳闸，中断对用户的供电。

中性点经消弧线圈接地系统如图 2.5 所示，正常运行时接于中性点与大地之间的消弧线圈无电流流过，消弧线圈不起作用。当接地故障发生后，中性点将出现零序电压，在这个电压的作用下，将有感性电流流过消弧线圈并注入发生了接地故障的电力系统，从而抵消在接地点流过的容性接地电流，消除或者减轻接地电弧电流的危害。需要说明的是，经消弧线圈补偿后，接地点将不再有容性电弧电流，或者只有很小的容性电流流过，但接地故障导致非接地相电压升高，带故障点长期运行依然是不允许的。

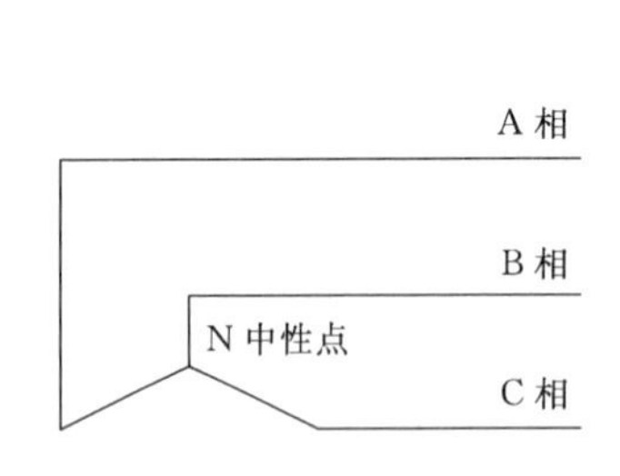

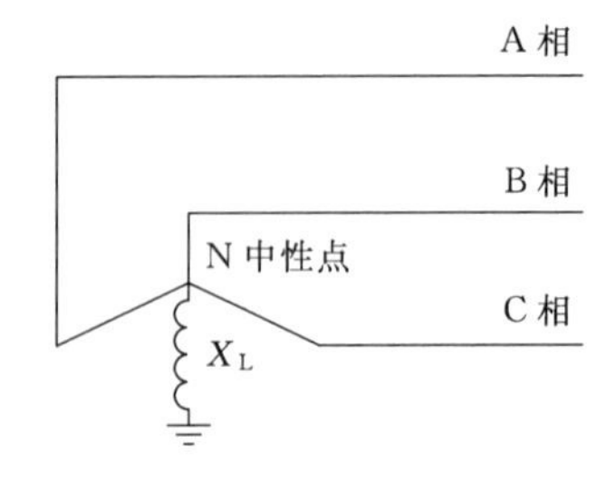

图 2.4　中性点不接地系统　　　　图 2.5　中性点经消弧线圈接地系统

中性点接地方式的选择主要考虑供电可靠性和过电压问题。110kV 及以上系统，为了限制工频电压升高和瞬时过电压，普遍采用直接接地的系统。110kV 以下中低压系统，中性点接地问题比较复杂，世界各国没有统一形式。

美国 22～70kV 电网当中，中性点直接接地方式占了 72%，并且正在逐步取代不接地的运行方式。英国 66kV 电网的中性点采用电阻接地方式，33kV 及以下架空线路组成的配电网经消弧线圈接地而电缆组成的配电网仍采用中性点经小电阻接地方式。日本 11～33kV 的配电网络中，40%中性点不接地，28%经消弧线圈接地，30%经电阻接地，2%直接接地，电阻接地方式电流限定在 100～200A；66kV 电网中也都有经电阻、电抗和消弧线圈接地方式。法国规定对地电容电流小于 40A 时采用中性点经电阻接地方式，电容电流大于 40A 而小于 200A 时需要在电阻器旁边并联补偿电抗器即经消弧线圈的方式接地。

我国 3～66kV 配电网一般采用中性点不接地或经消弧线圈接地方式。小电流接地系统发生单相接地故障的概率高，可占总故障的 80%，但由于单相接地时三相线电压依然对称且故障电流很小，并不影响对负荷供电，所以一般要求继电保护能有选择性地发出信号，不必立刻跳闸。近年来，随着配电网规模的扩大及城网、农网改造的进一步深化，尤其是电缆线路的大量使用，导致系统电容电流增大，部分配电网采用中性点经小电阻接地的方式。

2.2 中性点经小电阻接地配电网单相接地故障特征

2.2.1 稳态特征

以有 m 条出线的中性点经电阻接地配电网为例，假设第 m 条线路发生单相接地故障，零序网络如图 2.6 所示。

发生接地故障相当于在故障点处附加一零序电压源，如将线路等效成 π 模型，健全线路的零序阻抗为

$$Z_{ih0}=\frac{1}{\mathrm{j}\omega C_0}//\left(Z_{i0}+\frac{1}{\mathrm{j}\omega C_0}\right) \tag{2.1}$$

将 $Z_{i0}=R_0+\mathrm{j}\omega L_0$ 代入式（2.1），则健全线路的零序阻抗为

$$Z_{ih0}=\frac{1}{\mathrm{j}\omega C_0}\cdot\frac{1-\omega^2 L_0 C_0+\mathrm{j}\omega R_0 C_0}{2-\omega^2 L_0 C_0+\mathrm{j}\omega R_0 C_0} \tag{2.2}$$

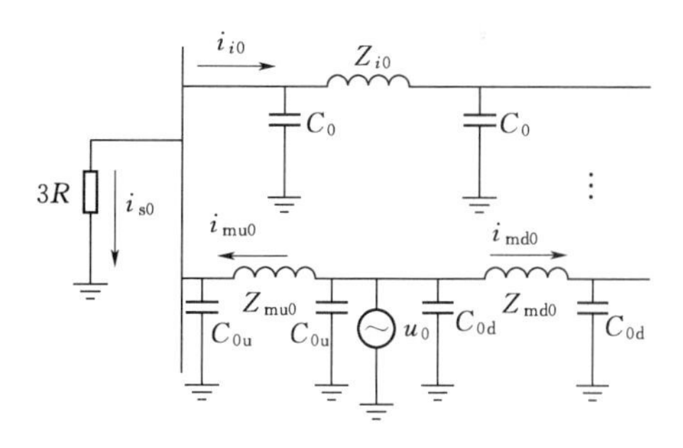

图 2.6 中性点经电阻接地系统单相接地故障零序网络

实际上，模型中的电阻 R_0 相对电抗小很多，计算中可以忽略不计，则式（2.2）可简化为

$$Z_{ih0}=\frac{1}{\mathrm{j}\omega C_0}\cdot\frac{1-\omega^2 L_0 C_0}{2-\omega^2 L_0 C_0} \tag{2.3}$$

若考虑分支线对地电容和负荷侧变压器对地电容的影响，安装在健全线路和故障线路故障点下游终端的端口 π 模型零序等效电路如图 2.7 所示，分支线和负荷侧变压器对地电容用一个等效电容 C'_0 表示，则此时零序等效阻抗为

$$Z_{ih0}=\frac{1}{\mathrm{j}\omega C_0}//\left(\mathrm{j}\omega L_0+\frac{1}{\mathrm{j}\omega(C_0+C'_0)}\right) \tag{2.4}$$

令 $C_0'=kC_0$，式（2.4）可化为

$$Z_{ih0}=\frac{1}{\mathrm{j}\omega C_0}\cdot\frac{1-(k+1)\omega^2L_0C_0}{k+2-(k+1)\omega^2L_0C_0} \tag{2.5}$$

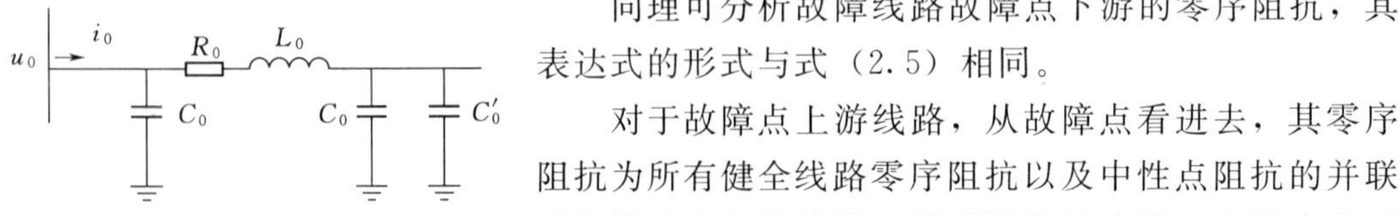

图 2.7　计及附加电容时健全线路零序等效模型

同理可分析故障线路故障点下游的零序阻抗，其表达式的形式与式（2.5）相同。

对于故障点上游线路，从故障点看进去，其零序阻抗为所有健全线路零序阻抗以及中性点阻抗的并联再与故障点上游线路 π 模型阻抗的串联。实际中由于线路的对地电容较小，所以健全线路的阻抗相对于中性点电阻非常大，因此故障线路故障点上游的零序电流经故障点流向母线之后主要流向中性点。对于故障点下游线路，由于零序阻抗很大，所以分得的零序电流小。

2.2.2　暂态特征

1. 暂态等值回路

在中性点经小电阻接地配电网发生单相接地故障的瞬间，流过故障点的暂态电流由除故障线之外的系统对地的电容电流即暂态电容电流和流过中性点电阻的暂态电流两部分组成，暂态分析等值电路如图 2.8 所示，暂态电容电流和中性点电流分别用 i_C 和 i_R 表示。

图 2.8 中，C 为系统三相对地等效电容，R_0 和 L_0 分别为三相线路和电源变压器在零序回路中的等值电阻和电感，$u_0=U_{phm}\sin(\omega t+\varphi)$，表示等效零序电压源，其中 U_{phm} 为相电压幅值，R 为中性点等效电阻，是实际电阻的 3 倍。

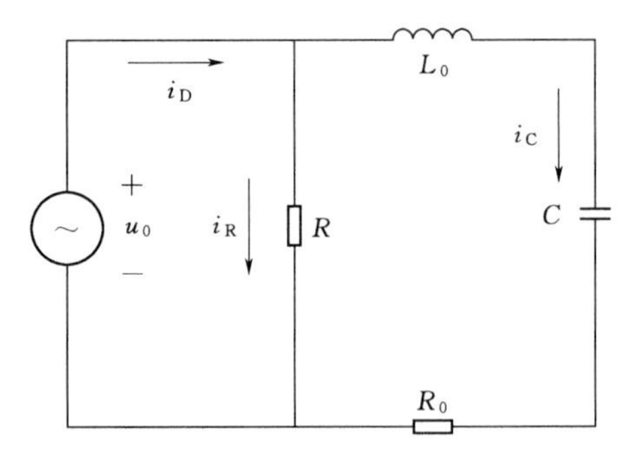

图 2.8　中性点经电阻接地系统单相接地等值回路

2. 暂态电容电流

对电源支路和电容支路构成的回路列写基尔霍夫电压方程，可得

$$R_0i_C+L_0\frac{\mathrm{d}i_C}{\mathrm{d}t}+\frac{1}{C}\int_0^t i_C\,\mathrm{d}t=U_{phm}\sin(\omega t+\varphi) \tag{2.6}$$

当 $R_0<2\sqrt{\frac{L_0}{C}}$ 时，回路电流的暂态过程具有周期性的振荡及衰减特性；当 $R_0\geqslant 2\sqrt{\frac{L_0}{C}}$ 时，回路电流具有非周期性的振荡衰减特性，并逐渐趋于稳定。对于架空线而言，线路电感较大而对地电容较小，在过渡电阻较小的情况下，一般都满足 $R_0<2\sqrt{\frac{L_0}{C}}$，所以电容电流具有周期性衰减振荡特性。

暂态电容电流 i_C 由暂态自由振荡分量 i_{Cos} 和稳态工频分量 i_{Cst} 两部分组成，利用 $t=0$ 时，$i_{Cos}+i_{Cst}=0$ 这一初始条件和 $I_{Cm}=U_{phm}\omega C$ 的关系，经过拉氏变换运算可得

$$i_C=i_{Cos}+i_{Cst}=I_{Cm}\left[\left(\frac{\omega_f}{\omega}\sin\varphi\sin\omega_f t-\cos\varphi\cos\omega_f t\right)\mathrm{e}^{-\delta t}+\cos(\omega t+\varphi)\right] \tag{2.7}$$

式中：I_{Cm}为电容电流稳态幅值；φ 为初始相位角；δ 为自由振荡分量的衰减系数，满足 $\delta=1/\tau_C=\frac{R_0}{2L_0}$，其中 τ_C 为回路时间常数；ω_f 为暂态自由振荡分量的角频率，与回路的自振角频率 $\omega_0=\sqrt{\frac{1}{L_0C}}$的关系可以表达为 $\omega_f=\sqrt{\omega_0^2-\delta^2}=\sqrt{\frac{1}{L_0C}-\left(\frac{R_0}{2L_0}\right)^2}$，对于运行中的架空线路电网，因$\frac{1}{L_0C}$远大于$\left(\frac{R_0}{2L_0}\right)^2$，所以 $\omega_f\approx\omega_0$。

若系统运行方式不变，则 τ_C 为一常数，当 τ_C 较大时，自由振荡衰减较慢，反之衰减较快。因为式（2.7）中的自由振荡分量 i_{Cos}还有 $\sin\varphi$ 和 $\cos\varphi$ 两个因子，故从理论上讲，在相角 φ 为任意值发生单相接地故障，均会产生自由振荡分量。当 $\varphi=0°$时，i_{Cos}的值最小，当 $\varphi=90°$时，i_{Cos}的值最大。

当故障发生在电压峰值时（即 $\varphi=90°$接地时），故障后 $T_f/4$（$T_f=2\pi/\omega_f$，为自由振荡周期）电容电流自由振荡分量的振幅将达到最大值 i_{Cosmax}，其值为

$$i_{Cosmax}=I_{Cm}\frac{\omega_f}{\omega}e^{-\delta T_f/4} \tag{2.8}$$

由式（2.8）可知，暂态自由振荡分量的最大幅值 i_{Cosmax}与自振角频率 ω_f 和工频角频率 ω 之比成正比。

当故障发生在电压过零点时（即 $\varphi=0°$接地时），故障发生后 $T_f/2$ 电容电流的自由振荡分量的振幅将达到最小值 i_{Cosmin}，其值为

$$i_{Cosmin}=I_{Cm}e^{-\delta T_f/2} \tag{2.9}$$

3. 中性点电阻电流

由图 2.8 可以看出，中性点电阻的电流为

$$i_R=\frac{U_{phm}\sin(\omega t+\varphi)}{R}=I_R\sin(\omega t+\varphi) \tag{2.10}$$

式中：I_R 为中性点电阻电流的幅值，满足 $I_R=\frac{U_{phm}}{R}$。

4. 流经故障点的暂态电流

对于中性点经电阻接地系统，流经故障点的电流是暂态电容电流和中性点电阻电流的叠加，即

$$i_D=i_R+i_C=I_{Cm}\left(\frac{\omega_f}{\omega}\sin\varphi\sin\omega_f t-\cos\varphi\cos\omega_f t\right)e^{-\delta t}+I_{Cm}\cos(\omega t+\varphi)+I_R\sin(\omega t+\varphi) \tag{2.11}$$

可以看出经小电阻接地系统的接地点电流主要包括振荡衰减的电容性电流以及稳态电容电流和电阻电流。

2.3 中性点不接地配电网单相接地故障特征

2.3.1 稳态特征

简单网络接线示意图如图 2.9（a）所示，在正常运行情况下，三相对地有相同的对

地电容 C_0，在相电压的作用下，每相都有一超前于相电压 90°的电容电流流入地中，而三相电流之和等于零。假设 A 相发生单相接地，则 A 相对地电压变为零，对地电容被短接，而其他两相的对地电压升高至$\sqrt{3}$倍，对地电容电流也相应地增大至$\sqrt{3}$倍，相量关系如图 2.9（b）所示。在单相接地时，负荷电流和线电压仍然对称。

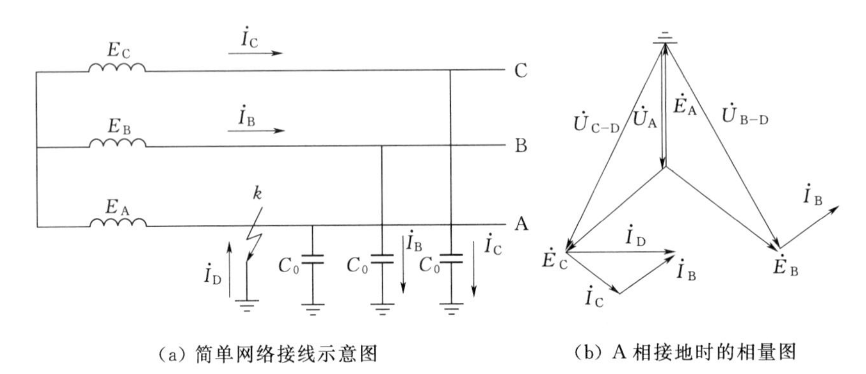

(a) 简单网络接线示意图　　(b) A 相接地时的相量图

图 2.9　不接地系统单相接地电压电流关系示意图

在 A 相接地以后，各相对地的电压为

$$\left.\begin{aligned}\dot{U}_{A-D}&=0\\\dot{U}_{B-D}&=\dot{E}_B-\dot{E}_A=\sqrt{3}\dot{E}_A e^{-j150^\circ}\\\dot{U}_{C-D}&=\dot{E}_C-\dot{E}_A=\sqrt{3}\dot{E}_A e^{-j150^\circ}\end{aligned}\right\}\tag{2.12}$$

故障点 k 的零序电压为

$$\dot{U}_{0k}=\frac{1}{3}(\dot{U}_{A-D}+\dot{U}_{B-D}+\dot{U}_{C-D})=-\dot{E}_A\tag{2.13}$$

非故障相中流向故障点的电容电流为

$$\left.\begin{aligned}\dot{I}_B&=j\omega C_0\dot{U}_{B-D}\\\dot{I}_C&=j\omega C_0\dot{U}_{C-D}\end{aligned}\right\}\tag{2.14}$$

其有效值为

$$I_B=I_C=\sqrt{3}\omega C_0 U_\varphi$$

式中：U_φ 为相电压的有效值。

此时从接地点流回的电流为 $\dot{I}_D=\dot{I}_B+\dot{I}_C$，由图 2.9（b）可见，其有效值为 $I_D=3\omega C_0 U_\varphi$，即为正常运行时三相对地电容电流的算术和。

当网络中有发电机和多条线路存在时，每台发电机和每条线路对地均有电容存在，设以 C_{0G}、$C_{0\text{I}}$、$C_{0\text{II}}$ 等集中的电容来表示，具体如图 2.10 所示。当线路Ⅱ的 A 相接地后，如果忽略负荷电流和电容电流在线路阻抗上的电压降，则全系统 A 相对地电压均等于零，因而各元件 A 相对地的电容电流也等于零，同时 B 相和 C 相的对地电压和电容电流也都升高$\sqrt{3}$倍，仍可用式（2.12）～式（2.14）来表示。这种情况下的电容电流分布，在图 2.10 中用“→”表示。

由图 2.10 可见，在非故障的线路Ⅰ上，A 相对地电容电流为零，B 相和 C 相中流有

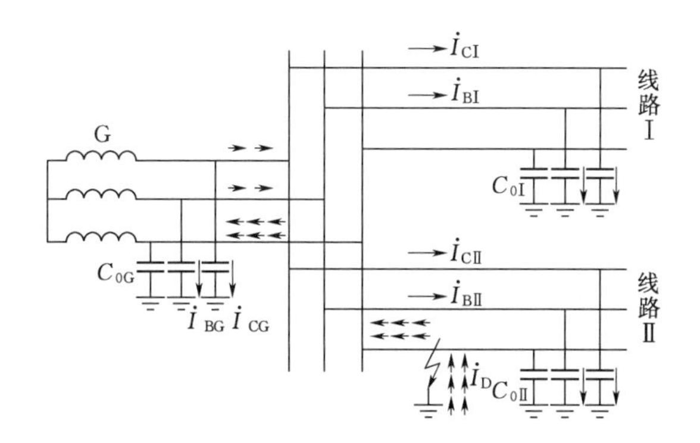

图 2.10 单相接地时用三相系统表示的电容电流分布图

本身的电容电流。因此，线路出口的零序电流为

$$3\dot{I}_{0\mathrm{I}}=\dot{I}_{\mathrm{BI}}+\dot{I}_{\mathrm{CI}} \tag{2.15}$$

参照图 2.9（b）所示的关系，其有效值为

$$3I_{0\mathrm{I}}=3\omega C_{0\mathrm{I}}U_{\varphi} \tag{2.16}$$

即零序电流为线路Ⅰ本身的电容电流，电容性无功功率的方向为由母线流向线路。当电网中的线路很多时，上述结论可适用于每一条非故障的线路。

在发电机 G 上，首先有它本身的 B 相和 C 相的对地电容电流 $\dot{I}_{\mathrm{BG}}$ 和 $\dot{I}_{\mathrm{CG}}$，同时由于它是产生其他电容电流的电源，因此从 A 相中要流回从故障点流上来的全部电容电流，而在 B 相和 C 相中又要分别流出各线路上同名相的对地电容电流，此时从发电机出线端所反映的零序电流仍应为三相电流之和。由图 2.10 可见，各线路的电容电流由于从 A 相流入后又分别从 B 相和 C 相流出了，因此发电机支路出口零序电流为

$$3\dot{I}_{0\mathrm{G}}=\dot{I}_{\mathrm{BG}}+\dot{I}_{\mathrm{CG}} \tag{2.17}$$

有效值为 $3I_{0\mathrm{G}}=3\omega C_{0\mathrm{G}}U_{\varphi}$，即零序电流为发电机本身的电容电流，其电容性无功功率的方向是由母线流向发电机，这个特点与非故障线路相同。

对于发生故障的线路Ⅱ，在 B 相和 C 相上，与非故障的线路一样，流有它本身的电容电流 $\dot{I}_{\mathrm{BII}}$ 和 $\dot{I}_{\mathrm{CII}}$，而不同之处是在接地点要流回全系统 B 相和 C 相对地电容电流，其值为

$$\dot{I}_{\mathrm{D}}=(\dot{I}_{\mathrm{BI}}+\dot{I}_{\mathrm{CI}})+(\dot{I}_{\mathrm{BII}}+\dot{I}_{\mathrm{CII}})+(\dot{I}_{\mathrm{BG}}+\dot{I}_{\mathrm{CG}}) \tag{2.18}$$

有效值为

$$I_{\mathrm{D}}=3\omega(C_{0\mathrm{I}}+C_{0\mathrm{II}}+C_{0\mathrm{G}})U_{\varphi}=3\omega C_{0_{\Sigma}}U_{\varphi} \tag{2.19}$$

此电流要从 A 相流回母线，因此从 A 相流出的电流可表示为 $\dot{I}_{\mathrm{AII}}=-\dot{I}_{\mathrm{D}}$，这样在线路Ⅱ始端所流过的零序电流则为

$$3\dot{I}_{0\mathrm{II}}=\dot{I}_{\mathrm{AII}}+\dot{I}_{\mathrm{BII}}+\dot{I}_{\mathrm{CII}}=-(\dot{I}_{\mathrm{BI}}+\dot{I}_{\mathrm{CI}}+\dot{I}_{\mathrm{BG}}+\dot{I}_{\mathrm{CG}}) \tag{2.20}$$

其有效值为

$$3I_{0\mathrm{II}}=3\omega(C_{0_{\Sigma}}-C_{0\mathrm{II}})U_{\varphi} \tag{2.21}$$

由此可见，由故障线路流向母线的零序电流，其数值等于全系统非故障元件对地电容

电流之和（但不包括故障线路本身），其电容性无功功率的方向为由线路流向母线，恰好与非故障线路上的相反。

根据上述分析结果，可以作出单相接地时的零序等效网络，如图 2.11（a）所示。由于线路的零序阻抗远小于对地电容的容抗，因此可忽略不计。接地点可等效成一个零序电压源 $\dot{U}_{0k}$，零序电流回路由各个元件的对地电容构成，所以中性点不接地电网中的零序电流就是各元件的对地电容电流，其相量关系如图 2.11（b）所示（图中 $\dot{I}'_{0\mathrm{II}}$ 表示线路Ⅱ本身的零序电容电流），这与直接接地电网完全不同。

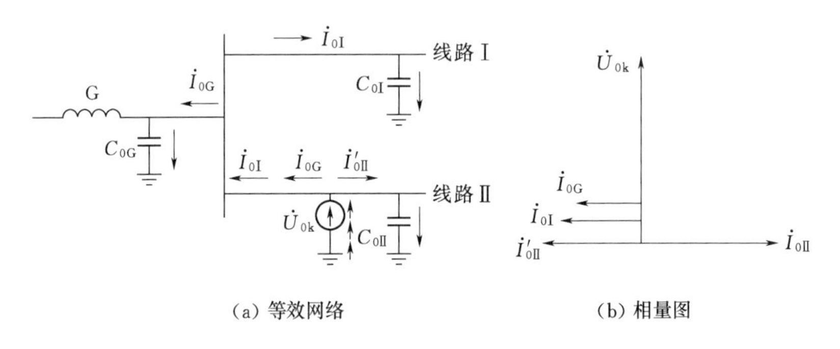

图 2.11　单相接地时的零序等效网络及相量图

2.3.2　暂态特征

类比于对中性点经电阻接地系统单相接地故障暂态过程的分析，中性点不接地系统发生单相接地故障零序等值回路可用图 2.12 表示。

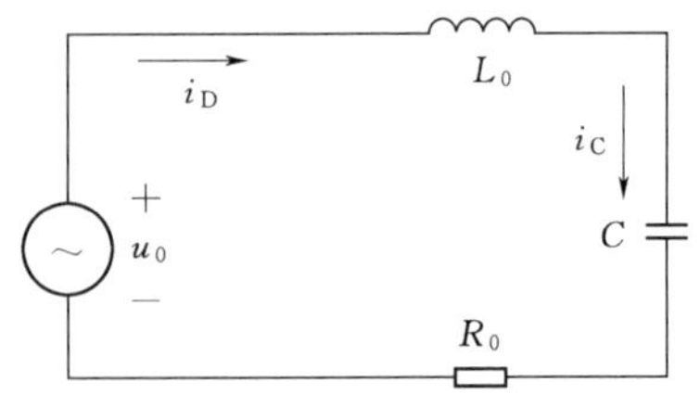

图 2.12　中性点不接地系统单相接地故障暂态等值回路

对比图 2.12 和图 2.8 可以发现，对于中性点不接地系统的单相接地故障暂态等值回路，除中性点电阻支路不存在之外，两电路完全相同，因此中性点不接地系统的暂态电容电流与经电阻接地系统完全相同，流过接地点的暂态电流即为暂态电容电流，同样可由式（2.7）表示。

2.4　中性点经消弧线圈接地配电网单相接地故障特征

2.4.1　稳态分析

根据 2.3 节的分析，当中性点不接地电网中发生单相接地时，在接地点要流过全系统的对地电容电流，如果此电流比较大，就会在接地点燃起电弧，引起弧光过电压，从而使非故障相的对地电压进一步升高，从而损坏绝缘，形成两点或多点接地短路故障，造成停电事故。为了解决这个问题，通常在中性点接入一个电感线圈，如图 2.13 所示。这样当单相接地时，在接地点就有一个电感分量的电流通过，此电流和原系统中的电容电流相抵消，可减少流经故障点的电流，因此称电感线圈为消弧线圈。

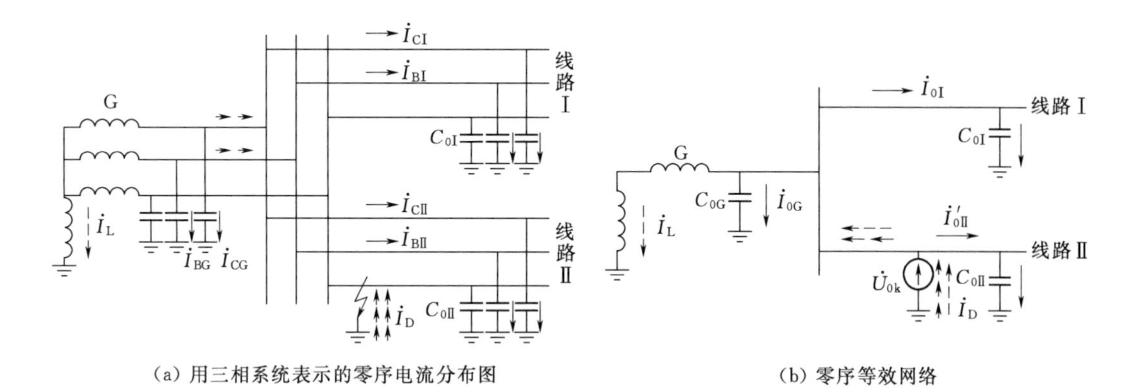

(a) 用三相系统表示的零序电流分布图　　(b) 零序等效网络

图 2.13　消弧线圈接地电网中单相接地时的电流分布

当采用消弧线圈接地以后，单相接地时的电流分布将发生重大变化。假定图 2.13 (a) 所示的网络中线路ⅡA 相发生接地，电容电流的大小和分布与不接消弧线圈时是一样的，单接地点增加了一个电感电流 $\dot{I}_L$。因此，从接地点流回的总电流为

$$\dot{I}_D=\dot{I}_L+\dot{I}_{C_\Sigma} \tag{2.22}$$

式中：$\dot{I}_{C_\Sigma}$ 为全系统的对地电容电流；$\dot{I}_L$ 为消弧线圈电流，设消弧线圈的等效电感为 L，则 $\dot{I}_L=\dfrac{\dot{U}_{0k}}{j\omega L}$。

由于 $\dot{I}_{C_\Sigma}$ 和 $\dot{I}_L$ 的相位大约相差 180°，因此 $\dot{I}_D$ 的有效值将因消弧线圈的补偿而减小。相似地，可以作出它的零序等效网络，如图 2.13（b）所示。

根据对电容电流补偿程度的不同，消弧线圈有完全补偿、欠补偿及过补偿 3 种补偿方式。

（1）完全补偿。完全补偿时 $I_L=I_{C_\Sigma}$，接地点的电流近似为 0，从消除故障点电弧、避免出现弧光过电压的角度来看，这种补偿方式最好。但是完全补偿时 $\omega L=\dfrac{1}{3\omega C_\Sigma}$，正是电感 L 和三相对地电容 $3C_\Sigma$ 在 50Hz 发生串联谐振的条件，会导致中性点对地电压严重升高，因此工程中不宜采取这种方式。

（2）欠补偿。欠补偿时 $I_L<I_{C_\Sigma}$，补偿后的接地点电流仍然是容性的。采用这种方式时，仍然不能避免串联谐振问题的发生，因为当系统运行方式变化时，例如某个元件被切除或发生故障而跳闸，电容电流将减小，这时很可能会出现 $I_L=I_{C_\Sigma}$ 的情况，从而引起谐振过电压，因此欠补偿方式也不采用。

（3）过补偿。过补偿时 $I_L>I_{C_\Sigma}$，补偿后的残余电流是感性的，采用这种方法不可能发生串联谐振的过电压问题，因此在实际中获得了广泛的应用。$I_L>I_{C_\Sigma}$ 的程度用过补偿度 P 来表示，其关系为

$$P=\frac{I_L-I_{C_\Sigma}}{I_{C_\Sigma}} \tag{2.23}$$

一般选择过补偿度 $P=5\%\sim10\%$。

2.4.2 暂态特征

在中性点经消弧线圈接地系统发生单相接地故障后，流过故障点的暂态电流由除故障线之外的系统对地电容电流和流过消弧线圈的暂态电感电流叠加而成，与小电阻接地系统的暂态等值回路类似，其暂态分析等值电路如图 2.14 所示。对于暂态电容电流，推导过程与小电阻的暂态电容电流完全相同，下面主要分析流经消弧线圈的暂态电感电流。

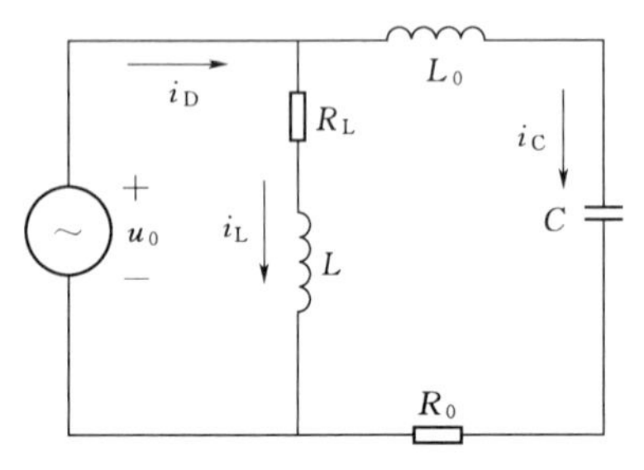

图 2.14 中性点经消弧线圈接地系统单相接地等值回路

1. 暂态电感电流

暂态过程中的铁芯磁通与铁芯不饱和时相同，只要求出暂态过程中消弧线圈的铁芯磁通表达式，消弧线圈中的电感电流即可求出。由图 2.14 可得

$$U_{\text{phm}}\sin(\omega t+\varphi)=R_L i_L+N\frac{\mathrm{d}\psi_L}{\mathrm{d}t} \tag{2.24}$$

式中：N 为消弧线圈相应分接头的线圈匝数；ψ_L 为消弧线圈铁芯中的磁通。

在补偿电流的工作范围内，消弧线圈的磁化特性曲线保持线性关系，故有 $I_L=\frac{N}{L}\psi_L$。单相接地故障开始前，消弧线圈中没有电流通过，此时 $\psi_L=0$。利用这一初始条件，将 I_L 代入式（2.24）可得到磁通 ψ_L 的表达式为

$$\psi_L=\psi_{\text{st}}\frac{\omega L}{Z}\left[\cos(\varphi+\xi)\mathrm{e}^{\frac{t}{\tau_L}}-\cos(\omega t+\varphi+\xi)\right] \tag{2.25}$$

式中：ψ_{st} 为稳态时的磁通，满足 $\psi_{\text{st}}=\frac{U_{\text{phm}}}{N\omega}$；$\xi$ 为补偿电流的相角，满足 $\xi=\arctan\frac{R_L}{\omega L}$；$Z$ 为消弧线圈的阻抗，满足 $Z=\sqrt{R_L^2+(\omega L)^2}$；$\tau_L$ 为电感回路的时间常数。

因为 $R_L\ll\omega L$（消弧线圈中电感占主导，电阻很小），故可取 $Z\approx\omega L$，$\xi=0$。由此式（2.25）可化简为

$$I_L=I_{\text{Lm}}\left[\cos\varphi\mathrm{e}^{\frac{t}{\tau_L}}-\cos(\omega t+\varphi)\right] \tag{2.26}$$

式中：I_{Lm} 为电感电流幅值，满足 $I_{\text{Lm}}=\frac{U_{\text{phm}}}{\omega L}$。

由此可见，电感电流由暂态的直流分量和稳态的交流分量组成，而暂态过程的振荡角频率与电源的角频率相同，其幅值与接地瞬间电压的相角 φ 有关。

2. 流经故障点的暂态电流

对中性点经消弧线圈接地系统，发生单相接地故障后流过接地点的暂态电流由网络中所有健全线对地电容电流和消弧线圈的电感电流叠加而成，结合上述分析以及式（2.7）和式（2.26）结果可得到

$$i_D = i_C + i_L = (I_{Cm} - I_{Lm})\cos(\omega t + \varphi) + I_{Cm}\left(\frac{\omega_f}{\omega}\sin\varphi\sin\omega_f t - \cos\varphi\cos\omega_f t\right)e^{-\frac{t}{\tau_C}} + I_{Lm}\cos\varphi e^{-\frac{t}{\tau_L}} \tag{2.27}$$

在式（2.27）中第一项为流过接地点电流的稳态工频量的零序电流，后面两项为暂态量，暂态量包括振荡衰减分量和直流衰减分量两部分。

2.5 单相接地故障暂态特征的其他影响因素

除中性点接地方式外，单相接地后的暂态特征还受以下多方面因素的影响：

（1）系统规模对单相接地故障暂态特征的影响。系统规模主要影响线路总长度，进而影响单相接地故障线路的暂态电容电流。系统规模越大，暂态电容电流越大，故障特征越明显。

（2）运行方式对单相接地故障暂态特征的影响。运行方式主要影响配电网中发电机组（影响电源阻抗）以及负荷的作用。从各种中性点接地方式下的暂态等值回路可以看出，配电网中电源阻抗会影响暂态单相接地电容电流的过渡过程，而负荷的变化对单相接地暂态特征影响较小。

（3）过渡电阻对单相接地故障暂态特征的影响。单相接地故障后，接地电阻的大小会影响暂态过渡过程。过渡电阻越大，暂态电流的时间常数越小，暂态过程越弱。

2.6 本　章　小　结

（1）不管中性点采用何种接地方式，在发生单相接地故障后，全系统会出现较大的零序电压。对于非故障元件来讲，其零序电流是零序电压作用下的对地电容电流，零序电流超前零序电压 90°。

（2）对于中性点不接地系统，故障线路上的零序电流为全系统非故障元件对地电容电流之和，数值一般较大，零序电流滞后零序电压 90°。

（3）对于中性点经电阻接地系统，故障线路的零序电流为全系统非故障元件对地电容电流和中性点电阻电流之和，零序电流滞后零序电压某一角度，该角度的范围是 90°～180°。

（4）对于中性点经消弧线圈接地系统，故障线路的零序电流为全系统非故障元件对地电容电流和中性点电感电流之和。在高于系统串联谐振频率下，零序电流为容性，滞后零序电压 90°；在低于系统串联谐振频率下（主要成分为工频），零序电流为感性，超前零序电压 90°。

（5）不管中性点采用何种接地方式，在发生单相接地故障后都会产生暂态电容电流，一般接地电容电流的暂态分量比其稳态分量大几倍到十几倍，所以对于小电流接地系统，用暂态分量检测单相接地故障可以克服稳态分量较小、不易检测的缺点。但对于小电阻接地系统，由于稳态零序电流中的电阻分量更大，所以基于稳态零序电流构造保护判据也能满足灵敏度要求。

本 章 参 考 文 献

[1] 要焕年，曹梅月．电力系统谐振接地［M］．北京：中国电力出版社，2009.
[2] 张保会，尹项根．电力系统继电保护［M］．北京：中国电力出版社，2010.
[3] 朱亮．10kV配电网小电阻接地系统单相短路故障及其保护研究［D］．长沙：湖南大学，2011.

第 3 章

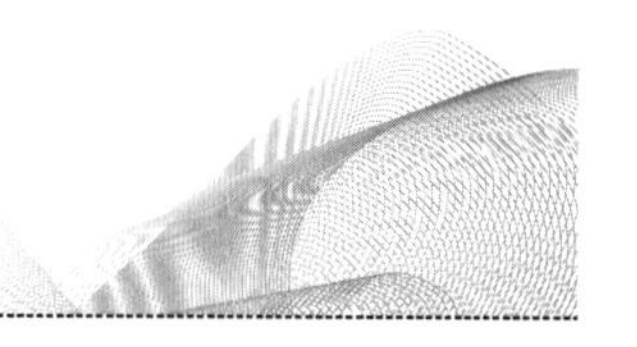

中性点经小电阻接地配电网的单相接地故障处理

对于中性点经电阻接地的配电网，发生单相接地后故障电流较大，所以必须快速切除故障线路。接地故障发生后由于三相系统不再对称，会出现较大的零序电压和零序电流，据此可以配置和正定三段式零序电流保护。但发生高阻故障时，因为接地回路阻抗大，接地电流小，三段式零序电流保护难以灵敏检测故障，通过采用反时限特性的零序电流保护或基于三次谐波电流幅值和相位的接地保护将可以可靠检测。

3.1 三段式零序电流保护

三段式零序电流保护的思想与相间短路的三段式电流保护思想相同。在发生单相接地或者两相接地故障时，可以得到如图 3.1 所示的零序电流随线路长度 L 变化的曲线，通过级差配合的思想，可以进行保护的整定，最终实现故障的选择性切除。下面简要介绍三段式零序电流保护的整定。

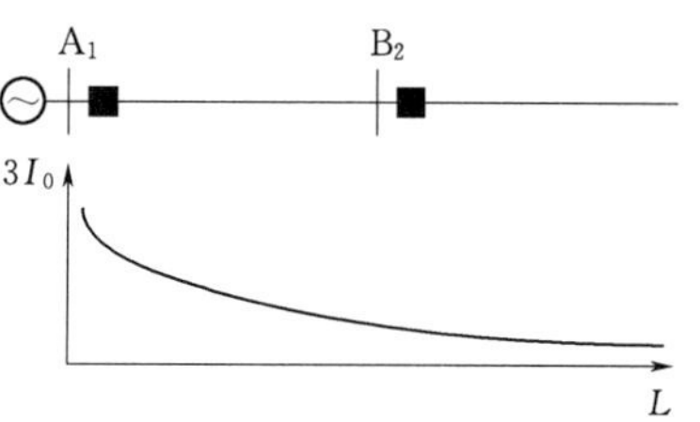

图 3.1 零序电流随线路长度变化示意图

3.1.1 零序电流Ⅰ段（速断）保护

零序电流Ⅰ段保护整定的原则如下：

（1）躲过下级线路出口单相接地或者两相接地故障时的最大零序电流 $3I_{0max}$，整定公式为

$$I_{set}^{I}=K_{rel}^{I}\times 3I_{0max} \tag{3.1}$$

式中：K_{rel}^{I}为零序电流Ⅰ段保护的可靠系数，一般取 1.2～1.3。

（2）需要躲开三相断路器不同期合闸时出现的最大零序电流 $3I_{0unb}$，整定公式为

$$I_{set}^{I}=K_{rel}^{I}\times 3I_{0unb} \tag{3.2}$$

最终整定值选取根据式（3.1）和式（3.2）计算得到的较大值，需要说明的是往往根据式（3.2）计算得到的定值导致保护没有灵敏度，所以可以给零序Ⅰ段保护带有一定的延时，该延时可整定为 0.1s，这样就无需考虑三相不同期合闸，仅按照式（3.1）整定即可。

3.1.2 零序电流Ⅱ段保护

零序电流Ⅱ段保护的整定原则与限时电流速断保护一样，都是通过与下级线路的Ⅰ段

保护在定值和时间上配合实现选择性。对于如图 3.1 所示的网络，假设保护 2 的Ⅰ段保护定值为 $I_{\text{set.2}}^{\mathrm{I}}$，动作时间为 t_2^{I}，则保护 1 的Ⅱ段保护定值为

$$I_{\text{set.1}}^{\mathrm{II}}=K_{\text{rel}}^{\mathrm{II}}I_{\text{set.2}}^{\mathrm{I}} \tag{3.3}$$

式中：$K_{\text{rel}}^{\mathrm{II}}$为Ⅱ段保护的可靠系数，一般取 1.1～1.2。

保护 1 的Ⅱ段保护动作时间为

$$t_1^{\mathrm{II}}=t_2^{\mathrm{I}}+\Delta t \tag{3.4}$$

对于在零序网络中存在分支线的情况，整定方法与三段式电流保护整定过程中存在助增电流时相同，引入零序电流分支系数，则整定公式为

$$I_{\text{set.1}}^{\mathrm{II}}=\frac{K_{\text{rel}}^{\mathrm{II}}}{K_{0.\text{b}}}I_{\text{set.2}}^{\mathrm{I}} \tag{3.5}$$

式中：$K_{0.\text{b}}$为零序电流的分支系数，具体为故障线路流过的零序电流幅值与上一级保护所在线路流过的零序电流幅值之比。

对于零序电流Ⅱ段保护的灵敏度，应按照本线路末端发生接地故障时出现的最小零序电流校验，即

$$K_{\text{sen}}=\frac{3I_{0\min}}{I_{\text{set.1}}^{\mathrm{II}}} \tag{3.6}$$

式中：K_{sen}为灵敏度系数，需要满足 $K_{\text{sen}}\geqslant 1.5$。

当灵敏度系数不满足要求时，可以考虑以下 3 种方案：

（1）与下级线路零序电流Ⅱ段保护配合整定。

（2）用两个灵敏度不同的零序电流Ⅱ段保护。一个与下级线路的零序电流Ⅰ段保护配合，保证切除正常运行方式和最大运行方式下的接地故障；一个与下级线路的零序电流Ⅱ段保护配合，保证各种运行方式下的接地故障都具有足够的灵敏度。

（3）采用接地距离保护。

3.1.3 零序电流Ⅲ段保护

零序电流Ⅲ段保护一般作为后备保护使用，在末端线路也可以作为主保护使用。

零序电流Ⅲ段保护的整定需要躲过下级线路出口相间或者三相故障时的最大不平衡电流 I_{unbmax}，具体为

$$I_{\text{set}}^{\mathrm{III}}=K_{\text{rel}}^{\mathrm{III}}I_{\text{unbmax}} \tag{3.7}$$

各级保护还需要在时限上配合，时限的配合方式为从末端线路逐级增加一个时限 Δt。

对于有分支线的情况，零序电流Ⅲ段保护的整定方法为

$$I_{\text{set.1}}^{\mathrm{III}}=\frac{K_{\text{rel}}^{\mathrm{III}}}{K_{0.\text{b}}}I_{\text{set.2}}^{\mathrm{III}} \tag{3.8}$$

当作为本级线路的近后备时零序电流Ⅲ段保护的灵敏度校验方法为按照本级线路末端发生各种接地故障时出现的最小零序电流校验，当作为下级线路的远后备时应该按照下级线路末端发生各种接地故障时出现的最小零序电流校验。

3.1.4 算例分析

以图 3.2 所示的系统为例阐述保护 1 零序电流保护的整定，参数如下：变压器的变比

为 110/35kV，最大运行方式下等效电源 G_1 折算到 35kV 侧的正序、负序阻抗为 $X_{1.G_1 min}=X_{2.G_1 min}=4\Omega$，最小运行方式下等效电源 G_1 折算到 35kV 侧的正序、负序阻抗为 $X_{1.G_1 max}=X_{2.G_1 max}=6\Omega$；变压器 T_1 折算到 35kV 侧的正序、负序阻抗为 $X_{1.T_1}=X_{2.T_1}=5\Omega$，零序阻抗为 $X_{0.T_1}=\infty$；变压器 T_2 折算到 35kV 侧的正序、负序阻抗为 $X_{1.T_2}=X_{2.T_2}=15\Omega$，零序阻抗为 $X_{0.T_2}=\infty$；变压器 T_3 为 Z 字变压器，正序、负序阻抗为 $X_{1.T_3}=X_{2.T_3}=\infty$，零序阻抗 $X_{0.T_3}=10\Omega$，接地电阻为 $R=4\Omega$；线路长度 $L_{A-B}=6km$，$L_{B-C}=25km$，线路正序、负序阻抗 $X_1=X_2=0.4\Omega/km$，零序阻抗 $X_0=1.2\Omega/km$，可靠系数 $K_{rel}^{I}=1.2$、$K_{rel}^{II}=1.15$、$K_{rel}^{III}=1.1$；线路 AB 末端故障时的最大不平衡电流为 0.18kA，线路 BC 末端故障时的最大不平衡电流为 0.09kA。

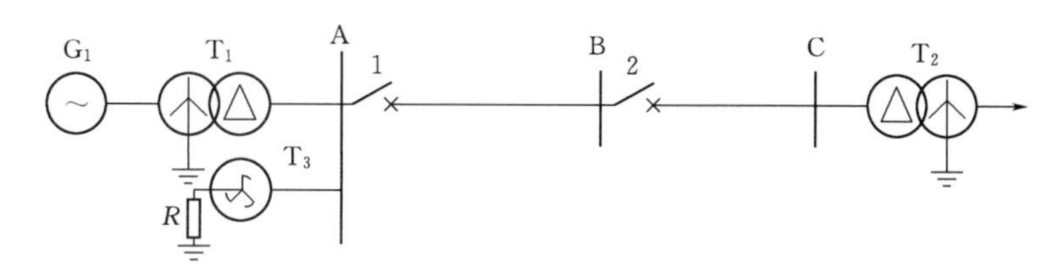

图 3.2 算例系统接线图

首先求出线路的正、负和零序阻抗为

线路 AB：$X_{1.AB}=X_{2.AB}=6\times0.4=2.4\Omega$，$X_{0.AB}=6\times1.2=7.2\Omega$

线路 BC：$X_{1.BC}=X_{2.BC}=25\times0.4=10\Omega$，$X_{0.BC}=25\times1.2=30\Omega$

零序Ⅰ段保护按照躲过本级线路末端故障时出现的最大零序电流整定，下面给出最大运行方式下母线 B 发生单相接地和两相接地故障时的零序电流计算过程。

单相接地故障时的正序、负序、零序等值电路如图 3.3 所示。

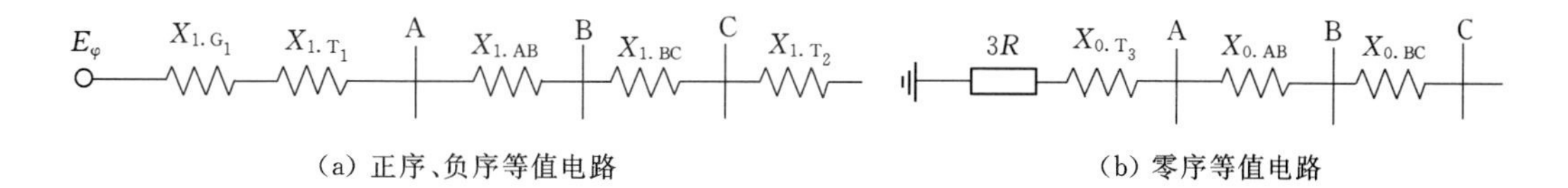

图 3.3 最大运行方式下的三序等值电路图

根据图 3.3（a）可知故障端口的正序阻抗为

$$Z_{\Sigma1}=X_{1.AB}+X_{1.G_1 min}+X_{1.T_1}=j11.4\Omega$$

故障端口负序阻抗 $Z_{\Sigma2}$ 与正序阻抗 $Z_{\Sigma1}$ 相等，而故障端口的零序阻抗为

$$Z_{\Sigma0}=X_{0.AB}+X_{0.T_3}+3R=12+j17.2\Omega$$

假定故障前电压 $\dot{U}_{f|0|}=35/\sqrt{3}\angle0°kV$，则故障端口的零序电流有效值为

$$I_{f0}=\left|\frac{\dot{U}_{f|0|}}{Z_{\Sigma1}+Z_{\Sigma2}+Z_{\Sigma0}}\right|=0.48kA$$

流过保护 1 的零序电流与故障端口零序电流相同，其有效值为

$$I_{0.1}=I_{f0}=0.48kA$$

两相接地短路时三序等值电路与单相接地时相同，但复合序网图中负序网络和零序网

络并联后与正序网络串联。首先给出故障端口的正序电流有效值，为

$$I_{f1}=\left|\frac{\dot{U}_{f|0|}}{Z_{\Sigma1}+Z_{\Sigma2}/\!/Z_{\Sigma0}}\right|=1.06\text{kA}$$

流过保护 1 的零序电流与故障端口零序电流相同，有效值为

$$I_{0.1}=I_{f0}==\left|\frac{Z_{\Sigma2}}{Z_{\Sigma2}+Z_{\Sigma0}}\right|I_{f1}=0.39\text{kA}$$

因此保护 1 的零序Ⅰ段定值为

$$I_{\text{set.1}}^{\text{I}}=K_{\text{rel}}^{\text{I}}\times3I_{0.1\max}=1.2\times3\times0.48=1.728\text{kA}$$

保护 1 零序Ⅱ段需要与保护 2 的零序Ⅰ段定值配合，采用相同的短路电流计算方法，当母线 C 单相接地故障时流过保护 2 的零序电流有效值为 0.22kA，当母线 C 两相接地故障时流过保护 2 的零序电流有效值为 0.17kA，所以保护 2 的零序Ⅰ段定值为

$$I_{\text{set.2}}^{\text{I}}=K_{\text{rel}}^{\text{I}}\times3I_{0.2\max}=1.2\times3\times0.22=0.792\text{kA}$$

所以保护 1 的零序Ⅱ段定值为

$$I_{\text{set.1}}^{\text{II}}=K_{\text{rel}}^{\text{II}}I_{\text{set.2}}^{\text{I}}=1.15\times0.792=0.91\text{kA}$$

动作时间为 $t_1^{\text{II}}=t_2^{\text{I}}+\Delta t$。

当系统在最小运行方式下时母线 B 发生单相接地故障时流过保护 1 的电流为 0.44kA，母线 B 发生两相接地故障时流过保护 1 的电流为 0.38kA，所以保护 1 零序Ⅱ段的灵敏度系数为

$$K_{\text{sen.1}}^{\text{II}}=\frac{3I_{0.1\min}}{I_{\text{set.1}}^{\text{II}}}=\frac{3\times0.38}{0.91}=1.25$$

保护 1 的零序Ⅲ段定值为

$$I_{\text{set.1}}^{\text{III}}=K_{\text{rel}}^{\text{III}}I_{\text{unbmax}}=1.1\times0.18\approx0.2\text{kA}$$

动作时间为 $t_1^{\text{III}}=t_2^{\text{III}}+\Delta t$。

作为近后备的灵敏度系数为

$$K_{\text{sen.1}}^{\text{III}}=\frac{3I_{0.1\min}}{I_{\text{set.1}}^{\text{III}}}=\frac{3\times0.38}{0.2}=5.7$$

作为线路 BC 远后备的灵敏度系数为

$$K_{\text{sen.1}}^{\text{III}}=\frac{3I_{0.1\min}}{I_{\text{set.1}}^{\text{III}}}=\frac{3\times0.17}{0.2}=2.55$$

3.1.5 三段式零序电流保护特性

（1）相比于针对相间故障的三段式电流保护，三段式零序电流保护的灵敏度更高，因为前者需要和重负荷电流相区别，而后者则无此问题。同时由于零序网架与变压器的中性点接地方式相关，一般零序电流保护需要配合的级数少，所以零序过电流保护的动作速度更快。

（2）由于零序网架结构相对稳定，所以零序电流保护受系统运行方式的影响相对较小，但对于运行方式变化很大或者接地点变化很大的电网不再适用。

（3）对于高阻接地故障，三段式零序电流保护的灵敏度将不足，所以无法切除高阻故障，而配电网中高阻故障的比例较大，所以需要研究专门针对高阻故障的保护策略。

3.2 高阻接地故障保护方法

3.2.1 高阻故障特征

接地故障点形态可能是金属性接地，也可能是非金属性接地。一般非金属性接地包括经树枝、杆塔、水泥建筑物接地或它们的组合，经非金属介质接地常常又被称为高阻接地。

高阻接地故障的主要特点是非金属导电介质呈现高电阻特征，导致接地故障电流小，而且故障呈现电弧性、间歇性、瞬时性特点，普通的零序电流保护难以检测。国际上［比如 IEEE 和 PSERC（power system engineering and research center）］普遍认可的高阻接地故障是特指在中性点有效接地的配电系统（如北美的四线制系统）中单相对地（不排除相间，但是情况较少）发生经过非金属性导电介质的短路时故障电流低于过流保护阈值而保护无法反应的配电线路故障状态。当导线对位于其下面的树木等放电时，接地过渡电阻可能达到 100～300Ω。

不论是哪种高阻接地，它们的共同点都是故障电流小，PSERC 给出的 12.5kV 中性点接地系统高阻接地电流典型值见表 3.1。一般情况下，高阻接地故障电流小于 50A，低于一般过电流保护最小动作值。

表 3.1　　12.5kV 中性点接地系统高阻接地电流典型值

介　质	电流/A	介　质	电流/A
干燥的沥青/混凝土/沙地	0	潮湿草皮	40
潮湿沙地	15	潮湿草地	50
干燥草皮	20	钢筋混凝土	75
干燥草地	25		

3.2.2 反时限零序电流保护

为了提高故障检测的灵敏度，反时限零序电流保护的启动电流不同于零序电流Ⅲ段要躲过下级线路各种故障情况下出现的最大不平衡电流整定，而是按照躲开正常运行情况下出现的不平衡电流 I_{ub} 进行整定并应选择较长的动作时限。具体整定公式为

$$I_{Kact}=\frac{K_{rel}}{K_{re}}I_{ub} \tag{3.9}$$

式中：I_{Kact} 为反时限零序电流保护的启动电流；I_{ub} 为正常情况下的不平衡电流；K_{rel} 为反时限零序电流保护的启动系数；K_{re} 为反时限零序电流保护的返回系数。

以上也正是反时限零序电流保护相比于三段式零序电流保护能够反映高阻接地故障、灵敏度更高的原因。

适应于接地故障的反时限零序电流保护动作特性通常采用甚反时限特性，其动作方程为

$$t=\frac{120K}{\frac{3I_0}{I_{\mathrm{Kact}}}-1} \tag{3.10}$$

式中：$3I_0$ 为流入反时限零序电流保护的零序电流；K 为时间整定系数；t 为动作时间。

其特性曲线如图 3.4 所示。

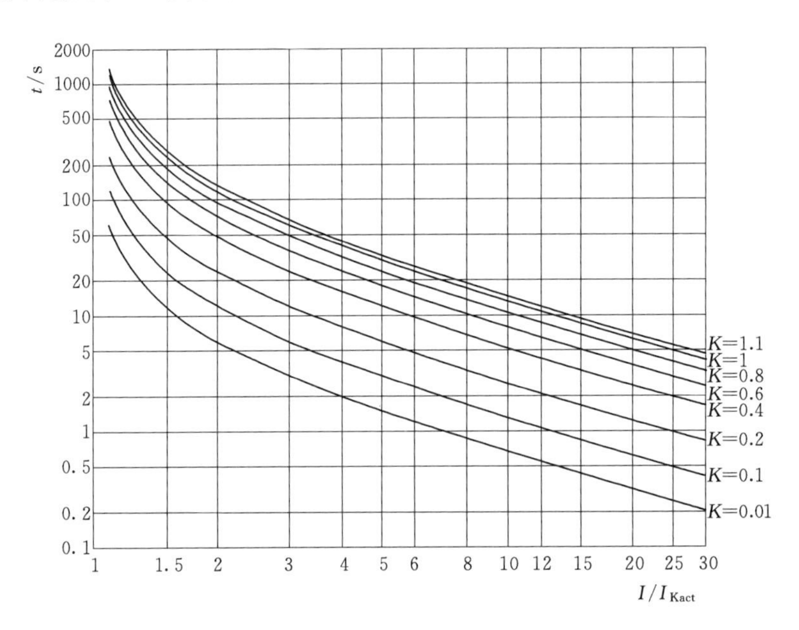

图 3.4　甚反时限零序电流保护的电流—时间特性曲线

由于启动电流很小，因此在区外相间短路出现较大的不平衡电流以及本线路单相断开后的非全相运行过程中反时限零序电流保护均可能启动，此时主要靠较大的时限来保证选择性，防止误动作。

以图 3.5 所示的两级线路为例给出反时限零序电流保护的整定方法。假设保护 1 和保护 2 所在线路出口各种故障情况下出现的最大零序电流分别为 $3I_{0\max.1}$ 和 $3I_{0\max.2}$，首先整定保护 1，根据式（3.9）整定启动电流 I_{Kact}，当保护 1 所在线路出口出现最大零序电流 $3I_{0\max.1}$ 时，保护应该以最快速度切除，该时间可以整定为反时限零序电流保护的固有动作时间 t_b，根据点（$3I_{0\max.1}$，t_b）可以确定式（3.10）中的时间整定系数 K_1，这样就可以确定保护 1 的反时限特性曲线，具体如图 3.5 中曲线①所示。

对于保护 2，同样根据式（3.9）确定启动电流 I_{Kact}，原则上与保护 1 的启动电流相同。当保护 1 所在线路出口故障出现 $3I_{0\max.1}$ 时，考虑与保护 1 的配合，保护 2 需要在保护 1 的动作时间上增加一个时限 Δt，据此可以得到 b 点（$3I_{0\max.1}$，$t_b+\Delta t$），根据点 b 就可以得到保护 2 反时限特性曲线的时间整定系数 K_2，对应曲线具体如图 3.5 中的曲线②。可以看出，当保护 2 所在线路出口故障出现 $3I_{0\max.2}$ 的切除时间要小于 $t_b+\Delta t$，这样就保证

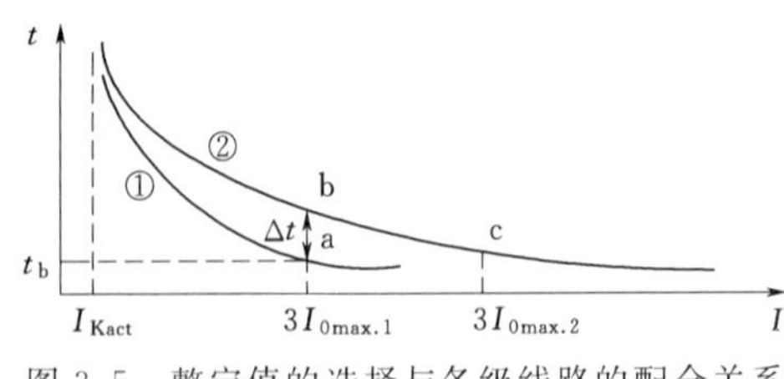

图 3.5　整定值的选择与各级线路的配合关系

了反时限零序保护的选择性和快速性。

3.2.3 基于3次谐波电流幅值和相位的接地保护

国外在该领域的研究，主要集中在发生高阻接地时对故障电压和故障电流波形特征的检测。在这些基于波形特性的检测算法中，基于3次谐波电流的检测方法是最早被商品化的方法之一。

3次谐波电流方法的依据是配电线路中发生高阻接地故障时故障电流的波形会因为接地电阻的非线性而扭曲，这一方面是因为电弧具有非线性特征，另一方面是因为土壤等介质中化合物（如碳化硅）本身具有非线性特性。正是因为在高阻接地时基波电流小，所以其非线性特性表现得更为明显，在低频时主要表现为3次谐波。同时，考虑到一般配电系统中，三角形接线的变压器会阻隔零序3次谐波，使得单相接地的配电线路成为3次谐波电流相对孤立的通路。因此，3次谐波被称为高阻接地故障的特征谐波。

典型的单相高阻接地故障电压和电流波形如图3.6（a）所示，图3.6（b）同时给出了3次谐波电流在故障电流中的含量，大量的现场实测得出了类似的结论。

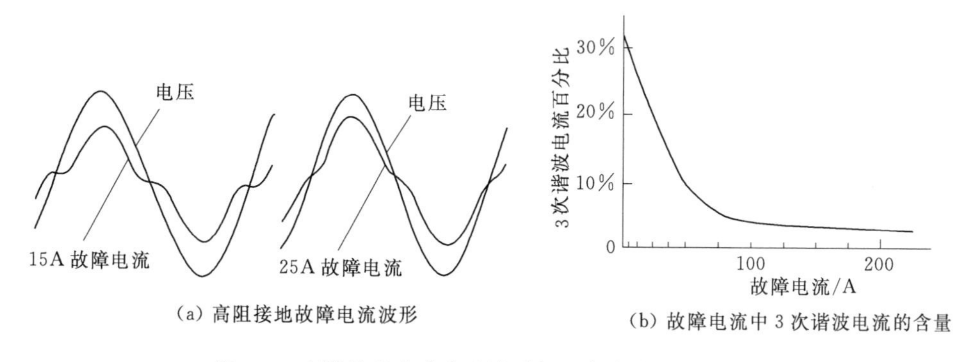

(a) 高阻接地故障电流波形　　(b) 故障电流中3次谐波电流的含量

图3.6　高阻接地故障电流波形与3次谐波电流的含量

进一步分析图3.6（a）所示的波形可以发现：在故障点，3次谐波的相位是系统电压瞬时值的函数，因为电阻的非线性，故障电流呈现出“尖顶波”的形状。因此可以假设故障处当基波电压达到最大值时3次谐波电流和基波电流也都达到了最大值。基于此可以得到在3次谐波电流的过零点处其相对基波电压的相角差为180°，因为3次谐波的转动速度是基波电压转动速度的3倍，波形分解如图3.7所示。

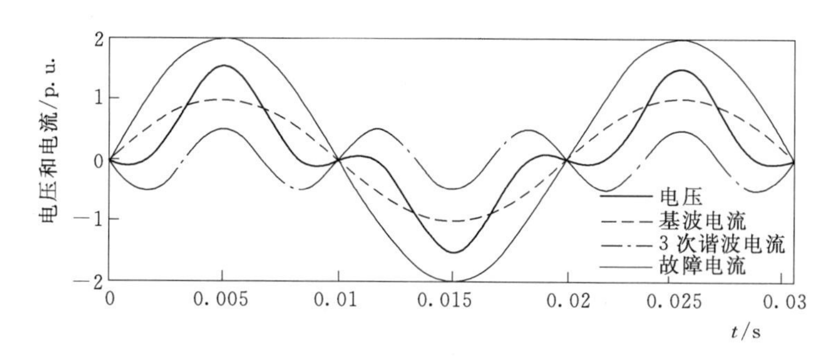

图3.7　故障点电压电流及电流的谐波分解

需要说明的是：因为系统正常运行时往往存在一定量的谐波，因此3次谐波电流在计算的过程中是基于3次谐波电流的增量得到的。

由图3.7可见，在3次谐波电流过零点存在180°左右的相角差，它来自于故障点本身电阻或电弧等的非线性，被认为是高阻接地故障的特性。而在变电站母线检测点（保护安装处），上述的相位关系会发生变化，如图3.8所示，但这样的变化在系统属性（主要是线路长度、分布电容、并联设备）已知的情况下是可以确定的。因此，不同的系统中不同故障点处高阻故障时3次谐波电流相对基波电压的相位差为一确定值，即在变电站母线检测点，如果3次谐波电流相对基波电压的相角差（图3.8中的过零点的相角差）进入一定的角度范围，同时3次谐波电流的幅值对基波电流的比例达到一定程度，那么就认为出现了高阻接地的特征谐波，保护装置就可以根据这样的特征给出故障判别结果。

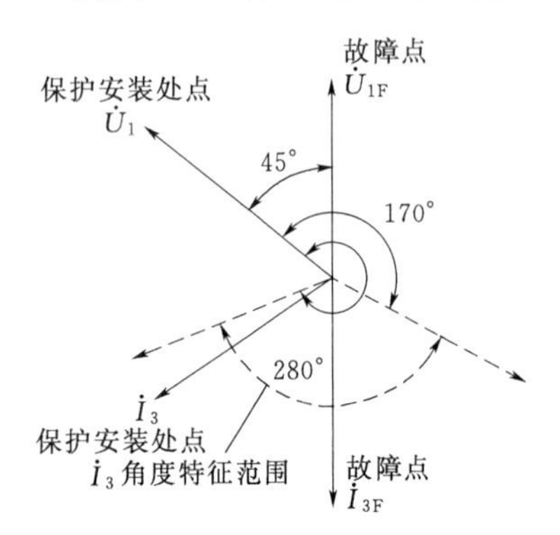

图3.8 保护安装处和故障点电压电流的相位关系

例如考虑线路电感和并联电容时基波电压和3次谐波电流相位偏移，如图3.9（a）所示。

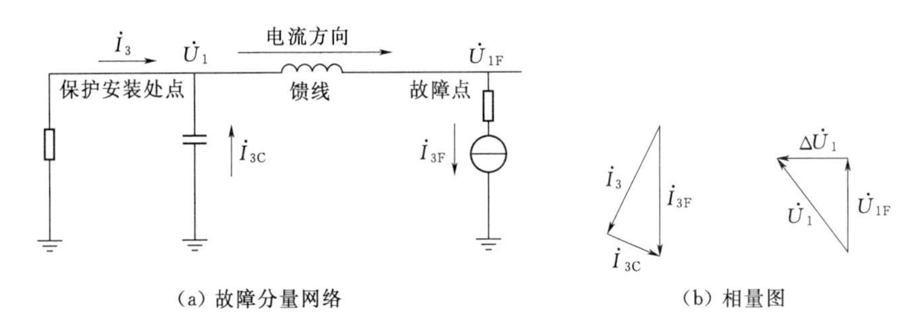

图3.9 基波电压和3次谐波故障电流在线路上传播时可能产生的相移分析

对于电压，因为线路的分布电感导致的线路压降$\Delta\dot{U}$，检测点的$\dot{U}_1$会稍稍超前故障点$\dot{U}_{1F}$一定相角，如果故障发生在检测点附近，这样的角度可以忽略，如果故障发生在线路末端，检测点的电压将会超前故障点的电压约15°，换算到3次谐波为45°，如图3.9（b）所示；在故障回路中分析电流，把故障点当做电流源，因为存在并联电容（如线路的分布电容和电容补偿设备），检测点测量得到的故障电流（主要是来在中性点的电阻性电流）加上分布电容或容性负荷注入的容性电流等于故障点的故障电流，监测点$\dot{I}_3$相对故障点$\dot{I}_{3F}$会滞后一定相角，如果因为并联电容器导致测量点的3次谐波电流$\dot{I}_3$滞后故障点的3次谐波电流$\dot{I}_{3F}$ 45°，同时计入电压偏移45°，在保护安装处测量的3次谐波相对基波电压将会滞后270°。在考虑到电容器合闸和分支负荷影响的情况下，可以设定在测量点3次谐波电流相对基波电压的相角如果滞后170°～280°（上、下限各留出10°的裕度），就认为高阻故障3次谐波角度特征已满足，结合幅值特征可以构成判据。

$$\left.\begin{array}{l}\dfrac{I_3}{I_1}>R_{set}\\ \varphi_{set2}>\varphi_{U1}-\varphi_{I3}>\varphi_{set1}\end{array}\right\} \tag{3.11}$$

式中：I_3 和 I_1 分别为保护安装处的3次谐波电流和基波电流有效值；φ_{U1} 和 φ_{I3} 分别为保护安装处基波电压和3次谐波电流的相角；R_{set} 为比率定值，可取10%；φ_{set1} 和 φ_{set2} 为基波电压和3次谐波电流的相角差整定值，分别为170°和280°。

上述的3次谐波检测算法只是众多高阻接地检测算法中最早被提出和应用的算法之一，目前在高阻接地故障检测领域，已涌现出一大批新的检测算法。

需要注意的是，高阻接地故障检测有一定的特殊性，因其电流不大，所以对系统的直接危害不大，但检测困难，同时又是很大的安全隐患，因此高阻接地故障检测一般不会动作于跳闸，而且检测结果也大都是以有效且可靠检测的概率来评价。

3.3 本 章 小 结

（1）中性点经电阻接地配电网发生单相接地故障后由于故障电流大，所以必须快速切除。本章首先论述了适用于中性点经电阻接地配电网的三段式零序电流保护，但当发生高阻接地故障后三段式零序电流保护无法可靠快速切除，为此给出了适用于高阻接地故障的反时限零序电流保护原理以及基于3次谐波电流幅值和相位的接地保护原理。

（2）反时限电流保护是按照躲过正常运行时的最大不平衡电流启动，所以具有更高的灵敏度，能够实现高阻接地故障的识别。

（3）发生高阻接地故障后由于电弧和接地土壤等的非线性特性，故障电流中将含有较大的3次谐波电流，该3次谐波电流相位与基波电压相位满足特定关系，据此可以实现基于3次谐波电流幅值和相位的接地保护。

本 章 参 考 文 献

[1] 张保会，尹项根．电力系统继电保护［M］．北京：中国电力出版社，2010.
[2] 沈国荣，隋凤海．输电线反时限零序电流保护［J］．电力系统自动化，1990（2）：11－13.
[3] Jeerings D I，Linders J R. A practical protective relay for down－conductor faults ［J］．IEEE Transactions on Power Delivery，1991，6（2）：565－574.
[4] PSERC Working Group D15. High Impedance Fault Detection Technology ［R］．1996.
[5] Aucoin B M，Jones R H. High impedance fault detection implementation issues ［J］．IEEE Transactions on Power Delivery，1996，11（1）：139－148.
[6] Ghaderi A，Ginn H L，Mohammadpour H A. High impedance fault detection：A review ［J］．Electric Power Systems Research，2017，143：376－388.

第4章

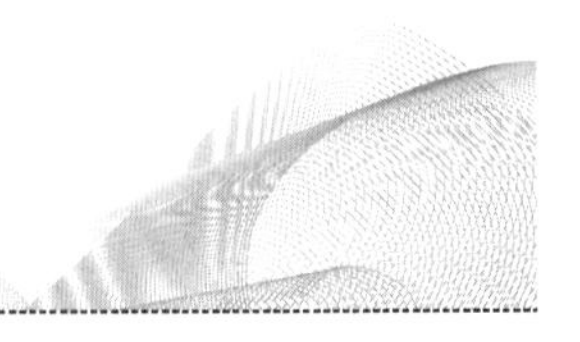

基于参数识别的小电流接地系统单相接地故障检测

小电流接地系统的单相接地故障一直未能很好解决。传统基于电气量特征直接比较来识别故障线的方法属于定量分析且需要整定，但故障线路的电流不可避免地要受中性点接地方式、配网结构与规模、故障时刻与持续时间、间歇性电弧等因素影响，所以该类方法存在适用性和可靠性问题。为此，本章避开电气量的直接比较，利用故障的本质是被保护对象拓扑结构和参数的变化这一核心思想，在建立配电网零序等效模型的基础上，通过识别线路参数性质的变化实现接地故障的诊断，形成基于零序参数识别原理的单相接地故障检测方法。由于健全线路的等效模型故障前后并不发生变化，模型参数的性质不受上述因素的影响，所以通过模型参数性质识别健全线/段的方法适应性强、可靠性高。

4.1 参数识别继电保护的基本原理

故障的本质特征是被保护元件参数的变化，基于参数识别的继电保护通过识别网络元件参数获取故障网络内部信息并构成保护判据。健全元件参数在故障前后不发生变化，故障元件参数在故障前后剧烈变化，通过识别参数进行故障判别，结果稳定可靠。

参数识别是从系统对激励的外部响应求取系统特征参数的过程。对于线性网络而言，网络的响应取决于网络的结构、元件参数以及激励。如果已知网络的结构和激励，则称由其响应推算网络元件参数的过程为网络参数识别。从电网络理论的观点讲，参数识别就是在已知激励、网络结构和响应前提下的网络综合过程。

4.1.1 参数识别的基本思想

参数的概念有广义和狭义两种。狭义的参数是指系统中能表征各个元件物理特性的特征量及其数值，如元件的电阻、电感、电容以及线路的长度等。广义的参数除包含狭义参数外，还包含一切反映系统特征的物理量及非物理量的数值，如系统激励的频谱特征、系统的输入阻抗等。本节所指的参数是广义的参数。

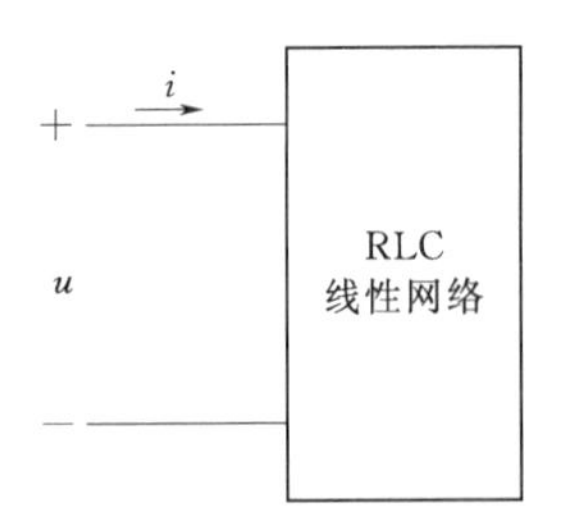

图4.1 单端口RLC线性网络

一般的由电阻、电感、电容组成的RLC线性单端口网络可以用图4.1表示。

对于图4.1所示的网络，其入口信号满足一定的关系，该关系可以表示为

$$u=b_m\frac{\mathrm{d}^{(m)}i_k}{\mathrm{d}t}+L+b_1\frac{\mathrm{d}i_k}{\mathrm{d}t}+b_0i_k+a_n\frac{\mathrm{d}^{(n)}u_k}{\mathrm{d}t}+L+a_1\frac{\mathrm{d}u_k}{\mathrm{d}t}\tag{4.1}$$

对于该网络输入端测量得到的电流、电压采样数据，一定满足式（4.1）的关系式，因而可以由采样数据利用线性最小二乘估计方法计算出式（4.1）中各项的系数。式（4.1）中右端各项系数 a_i、b_i 均是网络中各元件物理参数 R、L、C 的函数，求解该系数与网络参数之间满足的函数，就可得到网络的各元件参数，从而得到该线性系统的所有内部信息，进而可以构成各种原理的保护判据，以上就是基于参数识别继电保护的基本思想。

4.1.2　RLC 网络时域法参数识别

对于图 4.1 所示的一般的 RLC 网络，其二端口的电压 u 和电流 i 一般可以写为

$$u+a_1\frac{\mathrm{d}u}{\mathrm{d}t}+a_2\frac{\mathrm{d}^{(2)}u}{\mathrm{d}t}+\cdots+a_n\frac{\mathrm{d}^{(n)}u}{\mathrm{d}t}=b_0i+b_1\frac{\mathrm{d}i}{\mathrm{d}t}+b_2\frac{\mathrm{d}^{(2)}i}{\mathrm{d}t}+\cdots+b_m\frac{\mathrm{d}^{(m)}i}{\mathrm{d}t}\tag{4.2}$$

式中：a_n、b_m 为 RLC 网络中各元件参数的函数。

取 k 个 u 和 i 测量数据（u_1，i_1），…，（u_k，i_k），其中 $k\geqslant n+m+1$，代入式（4.2），整理可得到 k 个微分方程

$$\begin{cases}u_1=b_0i_1+b_1\dfrac{\mathrm{d}i_1}{\mathrm{d}t}+\cdots+b_m\dfrac{\mathrm{d}^{(m)}i_1}{\mathrm{d}t}-\left(a_1\dfrac{\mathrm{d}u_1}{\mathrm{d}t}+\cdots+a_n\dfrac{\mathrm{d}^{(n)}u_1}{\mathrm{d}t}\right)\\ \qquad\vdots\\ u_k=b_0i_k+b_1\dfrac{\mathrm{d}i_k}{\mathrm{d}t}+\cdots+b_m\dfrac{\mathrm{d}^{(m)}i_k}{\mathrm{d}t}-\left(a_1\dfrac{\mathrm{d}u_k}{\mathrm{d}t}+\cdots+a_n\dfrac{\mathrm{d}^{(n)}u_k}{\mathrm{d}t}\right)\end{cases}\tag{4.3}$$

式（4.3）可以改写为如下的矩阵形式

$$\begin{bmatrix}u_1\\ \vdots\\ u_k\end{bmatrix}=\begin{bmatrix}i_1 & \dfrac{\mathrm{d}i_1}{\mathrm{d}t} & \cdots & \dfrac{\mathrm{d}^{(m)}i_1}{\mathrm{d}t} & \left(-\dfrac{\mathrm{d}u_1}{\mathrm{d}t}\right) & \cdots & \left(-\dfrac{\mathrm{d}^{(n)}u_1}{\mathrm{d}t}\right)\\ \vdots & \vdots & \cdots & \vdots & \vdots & \cdots & \vdots\\ i_k & \dfrac{\mathrm{d}i_k}{\mathrm{d}t} & \cdots & \dfrac{\mathrm{d}^{(m)}i_k}{\mathrm{d}t} & \left(-\dfrac{\mathrm{d}u_k}{\mathrm{d}t}\right) & \cdots & \left(-\dfrac{\mathrm{d}^{(n)}u_k}{\mathrm{d}t}\right)\end{bmatrix}\begin{bmatrix}b_0\\ b_1\\ \vdots\\ b_m\\ a_1\\ \vdots\\ a_n\end{bmatrix}\tag{4.4}$$

将式（4.4）简记为 $\boldsymbol{U}=\boldsymbol{D}\boldsymbol{c}$，当 $k>n+m+1$ 时，可以采用线性最小二乘估计方法得到最小二乘意义下的系数向量 $\boldsymbol{c}$，即

$$\boldsymbol{c}=[\boldsymbol{D}^{\mathrm{T}}\boldsymbol{D}]^{-1}\boldsymbol{D}^{\mathrm{T}}\boldsymbol{U}\tag{4.5}$$

系数向量本身取决于网络元件参数，因而系数向量与网络参数的关系一般表述为

$$\boldsymbol{c}=\boldsymbol{g}(\boldsymbol{R},\boldsymbol{L},\boldsymbol{C})\tag{4.6}$$

在网络结构已知的情况下，式（4.6）是易于由网络结构得到的，需要注意的是该关系在网络不是单支路情况下一般为非线性关系。

当利用端口采集信息由（4.5）计算得到系数向量 $\boldsymbol{c}$ 后，可以通过求解式（4.6）得到网络各元件的参数，从而确定网络的所有信息。由于式（4.6）通常是非线性的，为了对参数 R、L、C 进行识别，可以将式（4.6）转化为如下非线性最小二乘优化问题。

$$\min\sum_{i=1}^{m+n+1}[c_i-g_i(\boldsymbol{R},\boldsymbol{L},\boldsymbol{C})]^2 \tag{4.7}$$

一般通过牛顿法、拟牛顿法、梯度法等迭代方法求解上述优化问题，为了得到准确合理的参数识别结果，需要选取合适的迭代初值。

上述整个过程即称为参数识别，在实际的参数识别过程中，式（4.4）中各导数项可用数值差分的方法由采样信息获得。

4.1.3 基于参数识别的继电保护

以上从单端口网络输入端阻抗函数出发介绍了单端口网络的参数识别思想，实际上网络阻抗函数可以看做是网络方程的变形。因此更一般的参数识别过程可以结合网络特点，列写网络方程，而不必一定从输入端阻抗函数出发建立参数识别模型。从这个角度出发，上述参数识别的思想可以推广至多端口网络。

基于参数识别的保护原理的实现有以下步骤：

（1）建立被保护元件在各种可能故障情况下的网络模型。

（2）根据测量数据求解该网络方程，得到网络模型中各元件的参数，从而确定故障网络的所有信息。

（3）根据正常时参数和故障时参数的差异构造判据。

4.2 单相接地故障下小电流接地配电网的等效模型

配电网拓扑是单电源辐射状结构。分析问题时所用的线路模型与构造判据所使用的频率息息相关，输电线路模型本身是在一定频带内对物理模型的近似，不能脱离频带谈线路模型。由于配电线路长度有限，采用 π 模型集中参数来分析实际线路故障已足够精确。图 4.2 所示为一个有 m 条出线的小电流接地配电网的第 i 条线路发生单相接地故障后对应的零序网络。

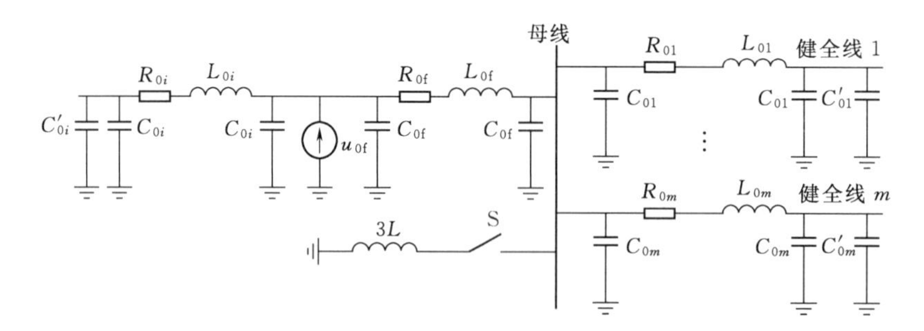

图 4.2 单相接地故障零序网络

图 4.2 中，开关 S 控制中性点为不接地或经消弧线圈接地方式，R_{0x}、L_{0x}、C_{0x}（$x=1\sim m$）分别为线路 x 的零序电阻、电感、电容参数，分支线路对地电容和配电变压器的对地电容以附加电容 C'_{0x} 的形式连接于每条线路的末端。故障点两侧线路各用一个 π 模型表示，其中 R_{0f}、L_{0f}、C_{0f} 为故障点与母线间的线路参数，u_{0f} 表示故障点处的等效零序电

压源，$3L$ 表示消弧线圈的等效电感。

下面主要分析配电系统单相接地故障下健全部分（包括所有健全线路和故障线路故障点下游部分）和故障部分（故障点上游到母线的线路）模型等效与对应频带的关系。

4.2.1 健全部分的零序等效模型

根据第2章的分析，当不计及附加电容的影响时，令式（2.3）中的分子 $1-\omega^2L_0C_0=0$ 可得线路零序参数的串联谐振频率 f_0，即

$$f_0=\frac{1}{2\pi\sqrt{L_0C_0}} \tag{4.8}$$

令式（2.3）中 $2-\omega^2L_0C_0=0$ 可得线路零序并联谐振频率为$\sqrt{2}f_0$。

当 $f<f_0$ 时，线路零序阻抗呈现容性，线路可等效为对地电容模型，通常将该频带称为首容性频带；当 $f_0<f<\sqrt{2}f_0$ 时，线路零序阻抗呈现感性，线路可等效为电感模型；当 $f>\sqrt{2}f_0$ 时，线路零序阻抗又呈现容性，线路可等效为对地电容模型。事实上，暂态过程的能量主要集中在首容性频段内，所以利用首容性频段的信息构造判据即可。

以两条不同长度的馈线为例，说明集中参数模型的相频特性，分别作出集中参数模型阻抗的相频特性，如图4.3所示。可以看出不同长度的配电线路的首容性频带不同，即 f_0 不同。

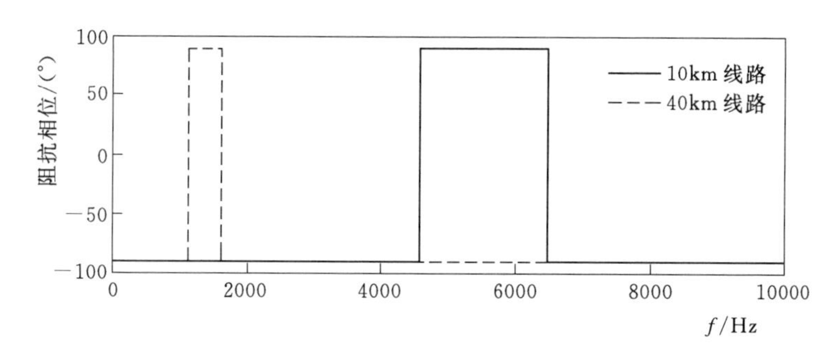

图4.3　10km和40km线路模型相频特性

当计及配变和分支线的附加电容时，根据式（2.5）可求得线路的串联谐振频率为

$$f_0=\frac{1}{2\pi\sqrt{(k+1)L_0C_0}} \tag{4.9}$$

因分支线路一般较短，变压器对地电容也较小，则 k 为远小于1的值，由此可以看出在分支线路和变压器对地电容的影响下线路的首容性频带变窄。

根据以上分析，显然各线路串联谐振频率中存在一个最小值 $f_{0x\min}$，在此频率之下，健全部分都等效为对地电容模型，假设各健全部分的对地等效电容为 $C_{0x\Sigma}$，则健全部分的零序等效模型如图4.4所示。

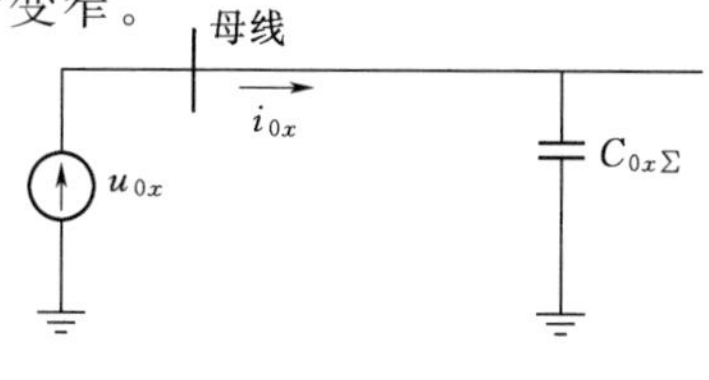

图4.4　健全部分的零序等效模型

以电流从母线流向线路为正方向，图4.4所示的健

全部分的等效模型可以描述为

$$i_{0x}=C_{0x\Sigma}\frac{\mathrm{d}u_{0x}}{\mathrm{d}t} \tag{4.10}$$

即零序电压和零序电流满足式（4.10）。

4.2.2 故障部分的零序等效模型

对于故障部分，其端口零序网络阻抗为所有健全线路（以及消弧线圈）并联再与故障点上游线路串联后所呈现的阻抗。在 $f_{0x\min}$ 以下，所有健全部分可等效为一对地电容 C_h，C_h 的值为所有健全部分对地电容的并联。据此，从故障端口看进去的零序等效网络如图 4.5 所示，图中开关 S 打开和闭合分别对应中性点不接地和消弧线圈接地，实际上图 4.5 是图 4.2 中健全部分用对地电容模型等效后的简化图。下面就中性点不接地和经消弧线圈接地情况分别讨论。

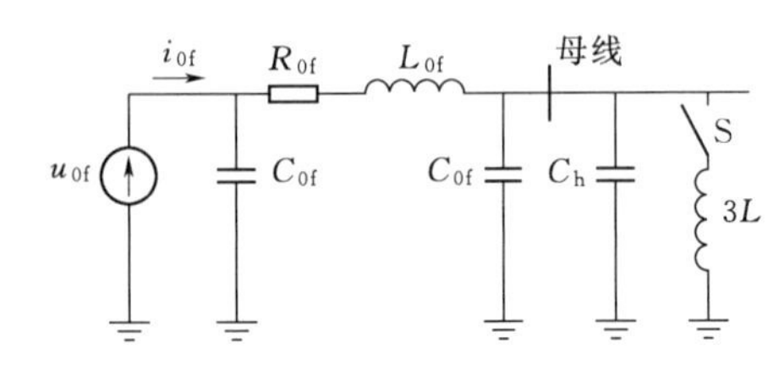

图 4.5　故障部分的零序等效模型

1. 中性点不接地系统

在中性点不接地时，图 4.5 中的开关 S 打开，此时端口零序网络的等效阻抗为

$$Z_{0f}=\frac{1}{\mathrm{j}\omega C_{0f}}\frac{\dfrac{C_{0f}}{C_{0f}+C_h}-\omega^2 L_{0f}C_{0f}}{1-\omega^2 L_{0f}C_{0f}+\dfrac{C_{0f}}{C_{0f}+C_h}} \tag{4.11}$$

显然，此等效阻抗也存在一串联谐振频率 f_{0f}，令式（4.11）的分子为 0，可得 f_{0f} 为

$$f_{0f}=\frac{1}{2\pi\sqrt{L_{0f}(C_{0f}+C_h)}} \tag{4.12}$$

在该频率以下，阻抗呈现容性，故障部分也等效为电容，令其为 C_0'。以电流从母线流向线路为正方向，则故障部分的数学模型为

$$i_{0f}=-C_0'\frac{\mathrm{d}u_{0f}}{\mathrm{d}t} \tag{4.13}$$

2. 消弧线圈接地系统

在中性点经消弧线圈接地时，图 4.5 中的开关 S 闭合，消弧线圈投入，易知线路末端电容 C_{0f}、C_h 和电感 $3L$ 的并联谐振频率为

$$f_1=\frac{1}{2\pi\sqrt{3L(C_{0f}+C_h)}} \tag{4.14}$$

由于消弧线圈的过补偿度一般为 5%～10%，所以系统无故障时，系统并联谐振频率略大于工频频率，但远低于 $f_{0x\min}$，具体值由消弧线圈电感和线路的对地电容共同决定。由于消弧线圈的影响，不同频带内故障部分的零序等效模型并不相同，下面具体分析。

(1) $0<f<f_1$ 频段。线路末端 C_{0f}、C_h 和 $3L$ 的综合效果相当于电感，令其为 L'，则此时故障点上游网络故障端口看进去的零序等效阻抗为

$$Z_{0f}=\frac{1}{j\omega C_{0f}}\frac{-\omega(L_{0f}+L')}{\frac{1}{\omega C_{0f}}-\omega(L_{0f}+L')} \tag{4.15}$$

在此频段消弧线圈处于过补偿状态，所以 Z_{0f} 呈现感性，故障部分可等效为一电感，令其为 L_0'，同样以电流为从母线流向线路，则其数学模型为

$$u_{0f}=-L_0'\frac{\mathrm{d}i_{0f}}{\mathrm{d}t} \tag{4.16}$$

（2）$f_1<f<f_{0.x\min}$ 频段。在此频段，图 4.5 线路末端 C_{0f}、C_h 和 $3L$ 的综合效果相当于电容，令其为 C'，则故障点上游网络故障端口看进去的零序等效阻抗为

$$Z_{0f}=\frac{1}{j\omega C_{0f}}\cdot\frac{\frac{C_{0f}}{C'}-\omega^2 L_{0f}C_{0f}}{1-\omega^2 L_{0f}C_{0f}+\frac{C_{0f}}{C'}} \tag{4.17}$$

该等效阻抗存在一串联谐振频率 f_{0f} 为

$$f_{0f}=\frac{1}{2\pi\sqrt{L_{0f}C'}} \tag{4.18}$$

令 $f_{0\min}$ 为 f_{0f} 和 $f_{0x\min}$ 两者中的最小值，则在 $f_1\sim f_{0\min}$ 频段内，故障部分也等效为电容，令其为 C_0'。以电流从母线流向线路为正方向，故障部分的数学模型如式（4.13）所示。

综上所述，在中性点不接地系统中发生单相接地故障后，在 $0\sim f_{0\min}$ 频段内，健全部分的零序电流和零序电压导数之间为正相关关系，故障部分的零序电流和零序电压导数之间为负相关关系，该特征可用于单相接地故障检测；而对于消弧线圈接地系统，只有在 $f_1\sim f_{0\min}$ 频段内，网络各部分才具有上述特征，即只有该频段内的信号可用来进行单相接地故障检测，由于 $f_1>50\text{Hz}$，所以消弧线圈接地系统只能用暂态信号进行单相接地故障检测。

至此就建立了小电流接地系统单相接地故障后在特定频段内的零序等效电路和数学模型。

4.3 基于参数识别的单相接地故障诊断方法实现

4.3.1 信号处理

根据 4.2 节分析可以看出，只有在一定频带内健全部分和故障部分才能等效成对地电容模型且二者的数学模型存在差异，所以在构造保护判据之前需要对原始采集数据进行滤波。

1. 中性点不接地系统

对于线路的 π 模型，只有在其发生第一次串联谐振频率（下文简称“截止频率”）以下时才可以用电容模型等效，而截止频率的主要影响因素包括线路长度和零序参数。架空线和电缆的零序参数差别很大，不同长度架空线和电缆的截止频率见表 4.1。

表 4.1　　不同长度和参数的线路的截止频率

架空线	线路长度/km	10	20	40	60	80
	截止频率/Hz	3400	1700	850	565	425
电缆	线路长度/km	2	4	8	10	20
	截止频率/Hz	3400	1700	850	680	340

需要说明的是实际中不同架空线和电缆的参数不尽相同，但对截止频率的影响相对较小，滤波时频带设置可以考虑一定裕度，从而克服参数差异带来的误差。对中性点不接地系统只需进行低通滤波，截止频率为所有线路截止频率中的最小值，因配网出线一般较短（架空线小于40km，电缆出线小于10km），由表4.1可得，截止频率为680Hz，同时考虑分支线路和负荷侧变压器对地电容影响以及参数带来的影响，考虑一定裕度，截止频率可取600Hz。

2. 中性点经消弧线圈接地系统

对中性点经消弧线圈接地系统，滤波器的上限截止频率与中性点不接地时相同，但受消弧线圈的影响，滤波器下限的截止频率必须躲过消弧线圈与全系统对地电容的谐振频率 f_1。

消弧线圈的过补偿度一般为5%～10%，则有

$$\frac{1}{\omega 3L}=p\omega C_{0\Sigma} \tag{4.19}$$

式中：$3L$ 为消弧线圈的电感值；p 为过补偿系数，取值范围为1.05～1.1；$C_{0\Sigma}$ 为全系统对地电容之和；$\omega=2\pi f_0$；f_0 为工频50Hz。

求解式（4.19）可得正常运行时的谐振频率为

$$f_1=\frac{1}{2\pi\sqrt{3LpC_{0\Sigma}}}=\sqrt{p}f_0 \tag{4.20}$$

将过补偿系数代入式（4.20）可得 f_1 的取值范围为51.23～52.44Hz，比工频稍大。当某一出线发生单相接地故障时，式（4.20）中的 $C_{0\Sigma}$ 会减小。一般系统中最大两条线路的零序电容之和不会超过整个系统总对地电容的89%，考虑最极端情况，假设此时 $C_{0\Sigma}$ 会减少89%，即所余正常线路的对地电容之和只剩正常系统的11%，则谐振频率变成系统正常时谐振频率的 $1/\sqrt{0.11}$ 倍，为154～158Hz。实际中取 $f_1=150$Hz 已足够，所以对于消弧线圈接地系统的滤波频带可取为150～600Hz。

4.3.2　实用化判据

对于健全部分安装的所有检测终端，其零序电压和零序电流均满足式（4.10），而故障点到母线之间的检测终端，其零序电压和零序电流满足式（4.13），所以通过终端采集的零序电压和零序电流辨识对地电容的数值即可确定故障点位置，实现接地故障的区段定位。

由时域参数识别法可知，采用多个采样点通过最小二乘方法即可辨识出网络参数。假设采用 n 个采样点辨识对地电容，则

$$
\begin{bmatrix} \dfrac{\mathrm{d}u_0(1)}{\mathrm{d}t} \\ \dfrac{\mathrm{d}u_0(2)}{\mathrm{d}t} \\ \vdots \\ \dfrac{\mathrm{d}u_0(n)}{\mathrm{d}t} \end{bmatrix} C_0 = \begin{bmatrix} i_0(1) \\ i_0(2) \\ \vdots \\ i_0(n) \end{bmatrix} \tag{4.21}
$$

求解式（4.21）可以得到对地电容 C_0 的表达式为

$$
C_0 = \frac{\sum_{k=2}^{n}\left[\dfrac{\mathrm{d}u_0(k)}{\mathrm{d}t}i_0(k)\right]}{\sum_{k=2}^{n}\left[\dfrac{\mathrm{d}u_0(k)}{\mathrm{d}t}\right]^2} \tag{4.22}
$$

当全网各个终端通过采集的零序电压和零序电流辨识出对地电容后，如果电容值为正，则故障点不在该终端的下游，反之故障点在该终端的下游，如图 4.6 所示。

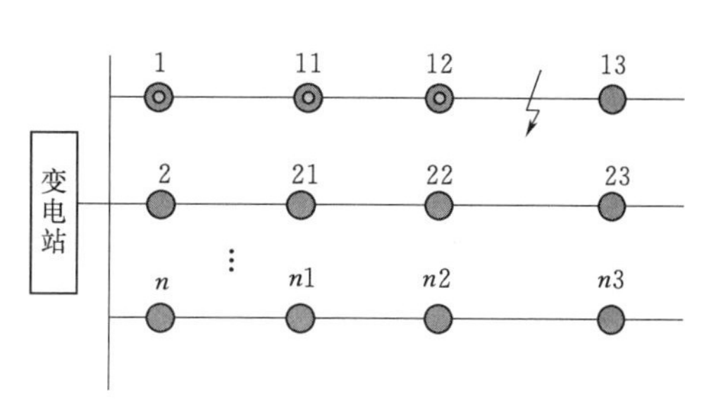

图 4.6　单相接地故障区段定位示意图

◎ $C<0$；● $C>0$

4.3.3　需要注意的问题

在零序电压采集方面，常规电磁式 TV 的铁芯和匝数均按照频率 50Hz、变比 10kV/220V 设计，3 倍频以上的信号将出现传变衰减，频带越高畸变越严重，将导致本算法失效。为解决上述问题，必须采用能够传变高频信号的宽频带零序 TV。

在零序电流信号传感方面，现有的电磁式 TA（不论是测量用还是保护用）在设计上均考虑了一定的线性范围，从工程实践和测试数据来看，现有 TA 一般均能测量到 13 次以上的谐波，因此可认为 150～600Hz 的频带传变特性是良好的。

4.4　原　理　验　证

根据配网中各元件参数，建立 10KV 配电网仿真模型，如图 4.7 所示。该模型中，35kV 变电站有两回进线，通过两台主变压器配出的 10kV 系统为单母线形式；母线带有 4 条馈线，出线上各区域的编号如图中所示。其中，区域 1、区域 3、区域 5、区域 10 为电缆，区域 2、区域 9、区域 11、区域 12、区域 13 为架空绝缘线，区域 4、区域 6、区域 7、区域 8、区域 14 为架空裸导线。消弧线圈装在所用变中性点上。开关 S 打开为中性点不接地系统；开关 S 闭合为消弧线圈接地系统，过补偿度取为 10%，仿真模型具体参数见表 4.2～表 4.4。令各配电变压器与所连接区域编号一致，则它们的容量分别为：$S_{5N}=50\mathrm{kVA}$，$S_{7N}=500\mathrm{kVA}$，$S_{8N}=200\mathrm{kVA}$，$S_{9N}=1\mathrm{MVA}$，$S_{10N}=100\mathrm{kVA}$，$S_{12N}=1\mathrm{MVA}$，$S_{13N}=400\mathrm{kVA}$，$S_{14N}=630\mathrm{kVA}$。为简单起见，各配电变压器所带负荷统一为变压器容量的 80%，功率因数为 0.85。仿真的采样频率为 10kHz。

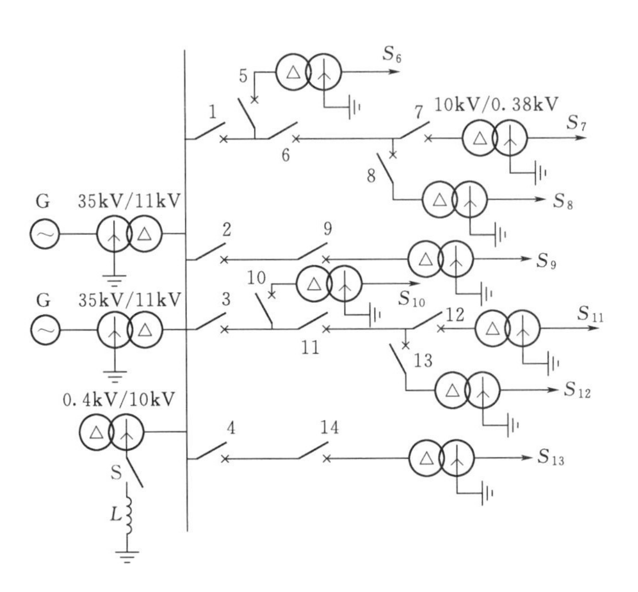

图 4.7 10kV 配电网仿真模型

表 4.2 各区段线路长度 单位：km

编号	1	2	3	4	5	6	7	8	9	10	11	12	13	14
长度	5.1	4	3.8	7.5	4	10	0.1	20	4	3.2	10	5	3	7.5

表 4.3 线路参数

参数	正序参数			零序参数		
	$r_1/(\Omega\cdot km^{-1})$	$x_1/(\Omega\cdot km^{-1})$	$b_1/(S\cdot km^{-1})$	$r_0/(\Omega\cdot km^{-1})$	$x_0/(\Omega\cdot km^{-1})$	$b_0/(S\cdot km^{-1})$
电缆	0.157	0076	132×10^{-6}	0.307	0.304	110×10^{-6}
架空裸导线	0.63	0.392	2.807×10^{-6}	0.78	3.593	0.683×10^{-6}
架空绝缘线	0.27	0.352	3.178×10^{-6}	0.42	3.618	0.676×10^{-6}

表 4.4 主变参数

参数	S_N/MVA	P_k/kW	U_k/%	P_0/kW	I_0/%
变压器 1	2	20.586	6.37	2.88	0.61
变压器 2	2	20.591	6.35	2.83	0.62

图 4.8、图 4.9 分别给出了中性点不接地系统区域 1 末端单相金属性接地故障和经 1000Ω 过渡电阻接地时，区域 1、区域 3、区域 6、区域 8 首端（首端是指该区域靠近母线端）单相接地故障检测终端的参数识别仿真结果。

由图 4.8、图 4.9 可知，当区域 1 末端发生单相接地故障时，位于故障线路故障点上游的区域 1 首端检测终端所识别出的电容为负值，判别单相接地故障发生在其下游；而位于健全线上的区域 3 首端检测终端所识别出的电容为正值，故判别单相接地不是发生在其下游。位于故障线路故障点下游的区域 6、区域 8 检测终端所识别出的电容为正值，故判别单相接地不是发生在其下游。

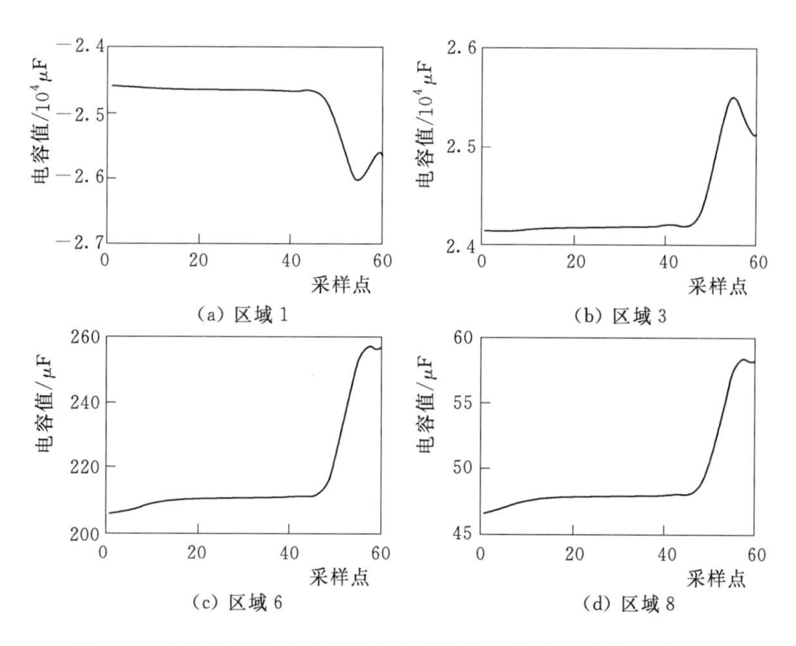

(a) 区域 1　(b) 区域 3　(c) 区域 6　(d) 区域 8

图 4.8　中性点不接地系统单相金属性接地故障时参数识别结果

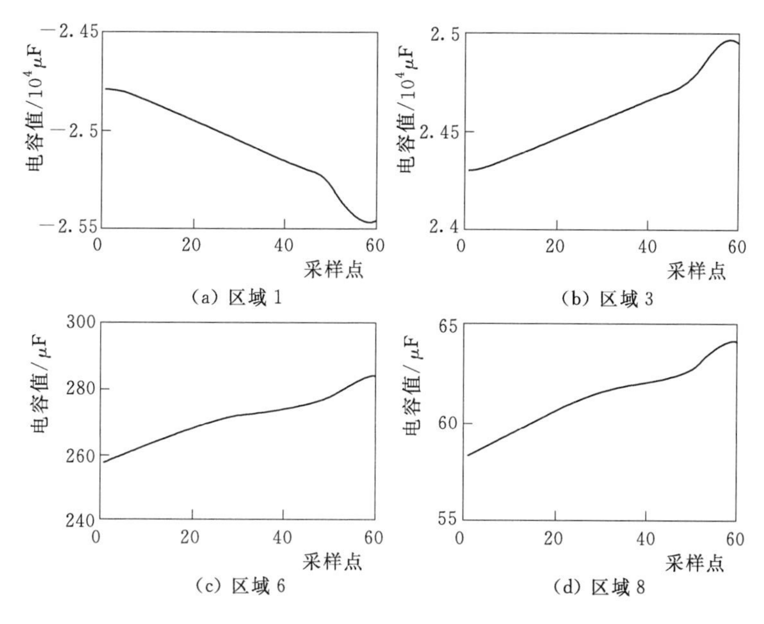

(a) 区域 1　(b) 区域 3　(c) 区域 6　(d) 区域 8

图 4.9　中性点不接地系统经 1000Ω 过渡电阻单相接地故障时参数识别结果

图 4.10、图 4.11 分别给出了中性点经消弧线圈接地系统区域 1 末端单相金属性接地故障和经 1000Ω 过渡电阻接地时，区域 1、区域 3、区域 6、区域 8 首端单相接地故障检测终端的参数识别仿真结果。

由图 4.10 和图 4.11 可知，当区域 1 末端发生单相接地故障时，位于故障线路故障点上游区域 1 首端检测终端所识别出的电容值为负，判别单相接地故障发生在其下游；而位于健全线上的区域 3 首端检测终端所识别出的电容值为正，故判别单相接地不是发生在其

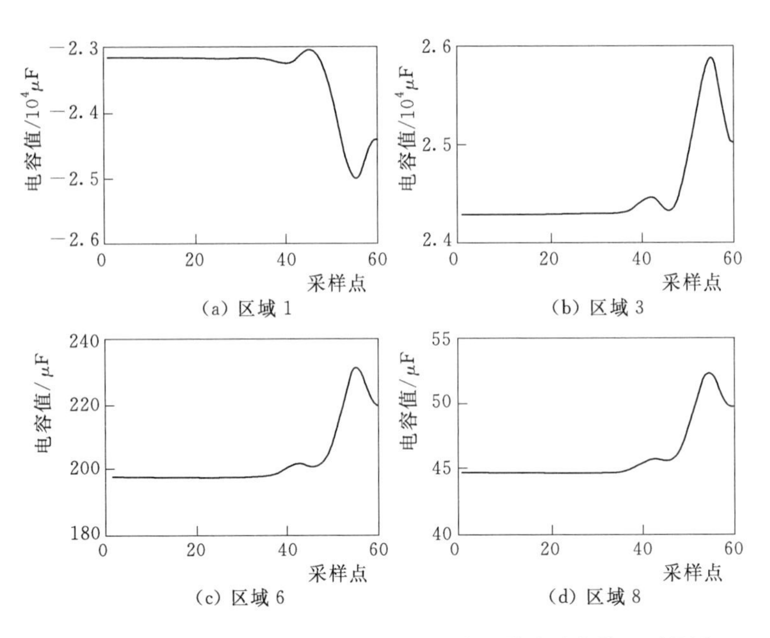

图 4.10 消弧线圈接地系统单相金属性接地故障时参数识别结果

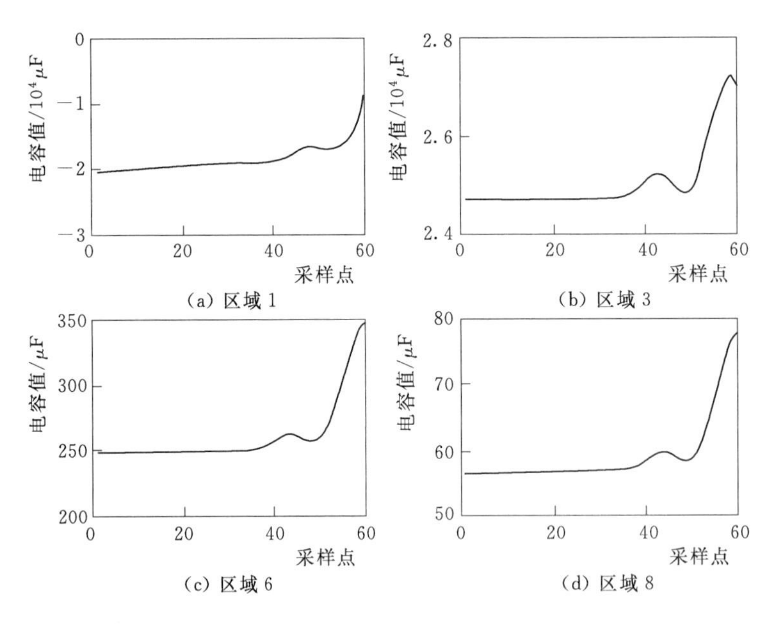

图 4.11 消弧线圈接地系统经 1000Ω 过渡电阻单相接地故障时参数识别结果

下游。位于故障线路故障点下游的区域 6 和区域 8 首端检测终端所识别出的电容值为正，故判别单相接地不是发生在其下游。

综合以上仿真可以看出基于参数识别的单相接地故障检测原理效果良好，耐过渡电阻能力强，在 1000Ω 过渡电阻接地时仍能保证单相接地故障检测的准确性，并且对不接地系统和消弧线圈接地系统均适用。

另外通过现场实验也验证了该方法的可行性。一组在同一检测终端前后设置不同过渡电阻故障下的电容识别结果如图 4.12 和图 4.13 所示，可以看出当故障点位于终端前时，电容值为正，当故障点位于终端后时，电容值为负，表明基于参数识别的方法可以有效定位单相接地故障。

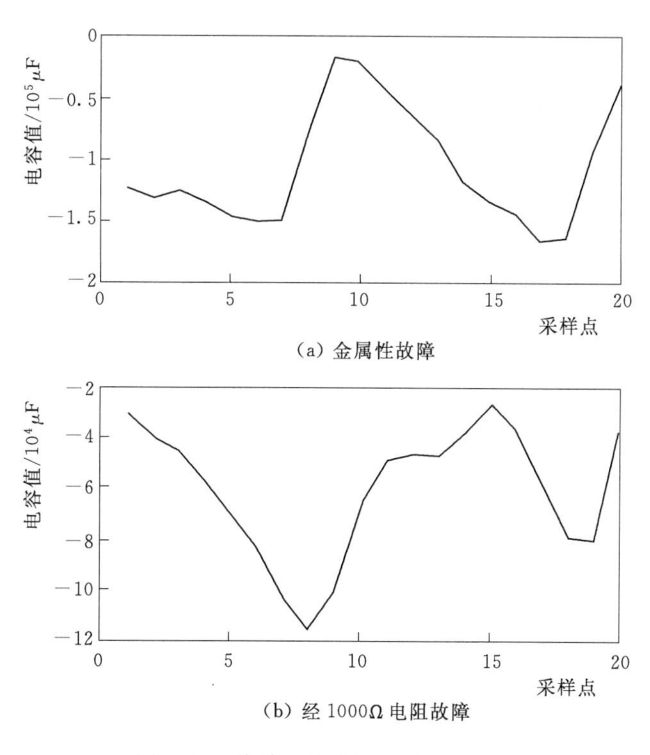

图 4.12　终端后故障时识别的电容值

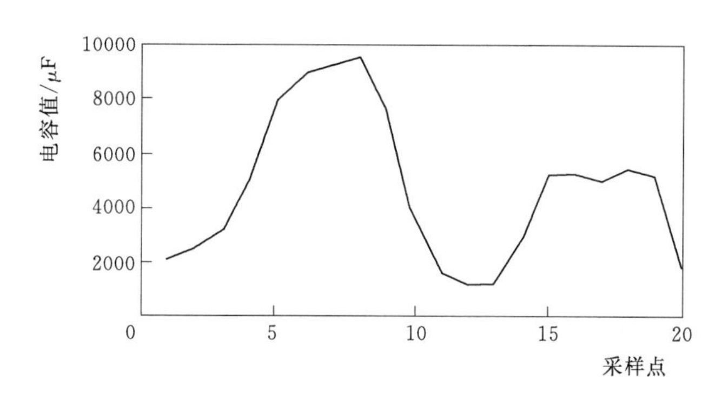

图 4.13　终端前故障时识别的电容值

4.5　本　章　小　结

本章主要介绍基于参数识别原理的配电网单相接地故障检测方法，指出发生单相接地故障后，特征频带内零序网络阻抗均可以等效成对地电容模型，其中健全部分的电容值为正，故障部分的电容值为负，据此可通过识别电容值实现单相接地故障的区段定位，仿真和现场验证了所提方法的有效性。本方法与传统的方法比较，有以下本质区别：

（1）传统方法在利用电气量识别故障时，受中性点接地方式、网架结构、故障发生时刻、电弧间歇程度等因素影响，可靠性较差。

（2）本方法基于网架结构，在上述因素作用下，参数识别判据并不发生变化，适用性强、可靠性高。

本章参考文献

[1] 索南加乐，康小宁，宋国兵，等．基于参数识别的继电保护原理初探［J］．电力系统及其自动化学报，2007，19（1）：14-20，27.

[2] 索南加乐，张超，王树刚．基于模型参数识别法的小电流接地故障选线研究［J］．电力系统自动化，2004，28（19）：65-70.

[3] 宋国兵，马志宾，刘珮瑶，等．基于模型误差的配电网单相接地故障区段定位方法：中国，201410415297.8［P］．2014-12-03.

[4] 宋国兵，马志宾，靳幸福，等．基于参数识别的配电网单相接地故障区段定位方法：中国，201310335128.9［P］．2012-12-18.

第5章

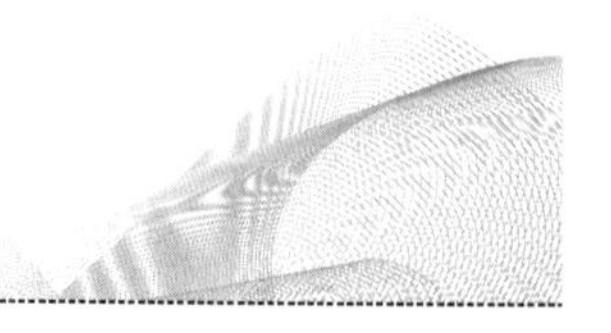

基于三相电流突变的小电流接地系统单相接地故障检测

为了克服实际工程中零序电压较难获取的问题，本章主要利用线路的对地电容模型提出基于三相电流突变的单相接地故障检测新方法。该方法仅需三相电流信息，所以可以更好地应用于接地故障指示器。

5.1 配电网单相接地故障的相电流突变特征分析

图5.1为一个中性点非有效接地的配电网（开关S打开为中性点不接地系统，闭合为消弧线圈接地系统），系统中共有 N 条出线，线路采用简单对地电容模型。系统正常运行时，可近似认为三相参数相同，各相电压、电流对称，中性点对地电压为零。

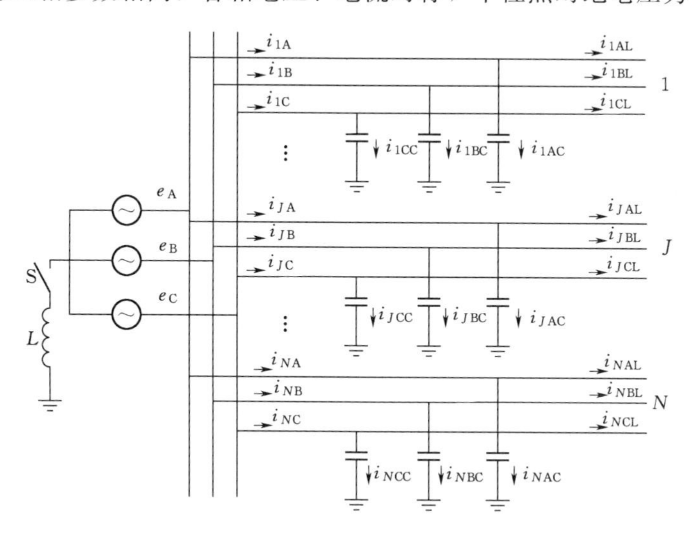

图5.1 正常运行的配电网

在正常运行的配电网中，各线路的三相电流可以表示为

$$\left.\begin{aligned} i_{kA} &= i_{kAC} + i_{kAL} = c_k \frac{\mathrm{d}e_A}{\mathrm{d}t} + i_{kAL} \\ i_{kB} &= i_{kBC} + i_{kBL} = c_k \frac{\mathrm{d}e_B}{\mathrm{d}t} + i_{kBL} \\ i_{kC} &= i_{kCC} + i_{kCL} = c_k \frac{\mathrm{d}e_C}{\mathrm{d}t} + i_{kCL} \end{aligned}\right\} \tag{5.1}$$

式中：k 为线路编号，满足 $k=1, 2, \cdots, N$；c_k 为出线 k 各相的对地电容；i_{kAL}、i_{kBL}、i_{kCL} 分别为出线 k 的三相负荷电流；i_{kAC}、i_{kBC}、i_{kCC} 分别为出线 k 的三相对地电容电流；e_A、e_B、e_C 为三相电势。

当系统发生单相接地故障时，不妨令故障点在线路 J 上 f 点处的 C 相，如图 5.2 所示。此时故障相 C 相电压降低，A、B 相电压升高，故障点流过电流 i_f，中性点电压发生偏移，成为 u_0。

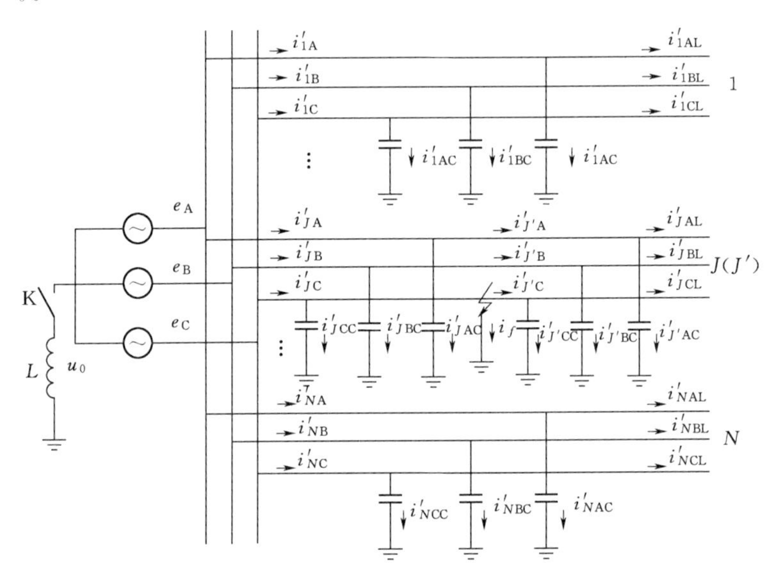

图 5.2　发生单相接地故障的配电网电流分布示意图

对于健全线路和故障点下游线路，此时三相电流为

$$\left.\begin{aligned}
i'_{kA}&=i'_{kAC}+i'_{kAL}=c_k\frac{\mathrm{d}(e_A+u_0)}{\mathrm{d}t}+i'_{kAL}\\
i'_{kB}&=i'_{kBC}+i'_{kBL}=c_k\frac{\mathrm{d}(e_B+u_0)}{\mathrm{d}t}+i'_{kBL}\\
i'_{kC}&=i'_{kCC}+i'_{kCL}=c_k\frac{\mathrm{d}(e_C+u_0)}{\mathrm{d}t}+i'_{kCL}
\end{aligned}\right\}\tag{5.2}$$

式中：$k=1, 2, \cdots, J-1, J', J+1, \cdots, N$，其中 J' 为故障点下游线路的编号。

出线 J 在故障点上游的三相电流为

$$\left.\begin{aligned}
i'_{kA}&=i'_{kAC}+i'_{kAL}=c_k\frac{\mathrm{d}(e_A+u_0)}{\mathrm{d}t}+i'_{kAL}\\
i'_{kB}&=i'_{kBC}+i'_{kBL}=c_k\frac{\mathrm{d}(e_B+u_0)}{\mathrm{d}t}+i'_{kBL}\\
i'_{kC}&=i'_{kCC}+i'_{kCL}=c_k\frac{\mathrm{d}(e_C+u_0)}{\mathrm{d}t}+i'_{kCL}+i_f
\end{aligned}\right\}\tag{5.3}$$

故障前后的系统线电压保持不变，所以负荷电流皆不变，则健全线路和故障点下游线路的三相电流突变量为

$$\left.\begin{aligned}\Delta i_{k\mathrm{A}}&=i'_{k\mathrm{A}}-i_{k\mathrm{A}}=c_k\frac{\mathrm{d}u_0}{\mathrm{d}t}\\\Delta i_{k\mathrm{B}}&=i'_{k\mathrm{B}}-i_{k\mathrm{B}}=c_k\frac{\mathrm{d}u_0}{\mathrm{d}t}\\\Delta i_{k\mathrm{C}}&=i'_{k\mathrm{C}}-i_{k\mathrm{C}}=c_k\frac{\mathrm{d}u_0}{\mathrm{d}t}\end{aligned}\right\}\tag{5.4}$$

故障点上游的三相电流突变量为

$$\left.\begin{aligned}\Delta i_{J\mathrm{A}}&=i'_{J\mathrm{A}}-i_{J\mathrm{A}}=c_J\frac{\mathrm{d}u_0}{\mathrm{d}t}\\\Delta i_{J\mathrm{B}}&=i'_{J\mathrm{B}}-i_{J\mathrm{B}}=c_J\frac{\mathrm{d}u_0}{\mathrm{d}t}\\\Delta i_{J\mathrm{C}}&=i'_{J\mathrm{C}}-i_{J\mathrm{C}}=c_J\frac{\mathrm{d}u_0}{\mathrm{d}t}+i_f\end{aligned}\right\}\tag{5.5}$$

由以上分析可知：

（1）对于健全线路以及故障线路在故障点下游的部分（为简洁起见，下文将这两部分统称为“健全部分”），三相电流突变量为系统零序电压激励作用下的线路对地电容电流，同一点测得的三相突变电流相同，即幅值相等、波形一致。

（2）对于故障点上游的线路（下文将该部分称为“故障部分”），两健全相的突变电流相同，但与故障相的突变电流不同，幅值和波形上都有很大差别，因为后者还含有故障点电流。在中性点不接地系统中，故障点电流为全网对地电容电流，此时故障相突变电流在幅值上将比健全相突变电流大很多，且相位相反；在消弧线圈接地系统中，受中性点电感的影响，故障相和健全相的突变电流波形存在较大差异。

综上所述，对于中性点非有效接地配电网，其发生接地单相故障以后，在三相突变电流的幅值大小关系及波形一致程度两方面，系统的健全部分和故障部分之间有明显的差异，据此可以用于单相接地故障检测。

5.2 电流突变特征的影响因素分析

5.2.1 变压器对相电流突变特征的影响分析

在前面的分析中，默认系统中的变压器为理想元件，即近似认为变压器的阻抗为零，而事实上变压器的阻抗对电流突变特征有一定影响。在故障分量网络中，突变电流从故障点附加电源流向各相对地电容。在前面的分析中，忽略了母线侧变压器的阻抗，认为三相电压突变量等于中性点位移电压。实际由于母线侧变压器和用户侧变压器阻抗的影响，三相电压突变不相等，导致部分突变电流从用户侧变压器上流过，形成穿越电流，进而对健全线路突变电流特征造成影响，下面具体分析。

为简单起见，将系统的 $N-1$ 条健全线并联等效为线路 1，故障线 J 为线路 2，可以得到图 5.3 所示的等效故障分量网络。将图 5.3 中的两健全相（A 相、B 相）参数并联起来，可以得到如图 5.4 所示的简化等效故障分量网络。

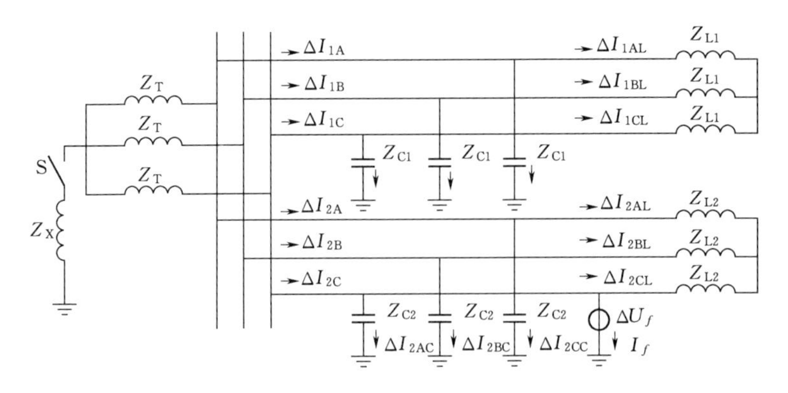

图 5.3　等效故障分量网络

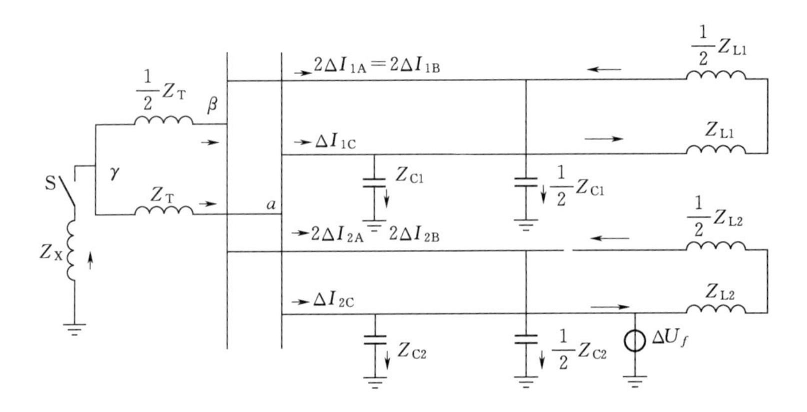

图 5.4　简化等效故障分量网络

在图 5.4 中，开关 S 闭合，令 C 相母线 α 电压为 $\dot{U}_\alpha$，A 相和 B 相并联等效母线 β 电压为 $\dot{U}_\beta$，中性点 γ 电压为 $\dot{U}_\gamma$，则可列写节点电压方程组为

$$\begin{cases}\left(\dfrac{2}{Z_T}+\dfrac{2}{Z_{C1}}+\dfrac{2}{Z_{C2}}+\dfrac{2}{3Z_{L1}}+\dfrac{2}{3Z_{L2}}\right)\dot{U}_\beta-\left(\dfrac{2}{3Z_{L1}}+\dfrac{2}{3Z_{L2}}\right)\dot{U}_\alpha-\dfrac{2}{Z_T}\dot{U}_\gamma=0\\ \dot{U}_\alpha=\dot{U}_f\\ \left(\dfrac{3}{Z_T}+\dfrac{1}{Z_X}\right)\dot{U}_\gamma-\dfrac{1}{Z_T}\dot{U}_\alpha-\dfrac{2}{Z_T}\dot{U}_\beta=0\end{cases}\tag{5.6}$$

典型配电线路中，电容电流约为负荷电流的 1%，则有 $|Z_{C1}|=100|Z_{L1}|$，$|Z_{C2}|=100|Z_{L2}|$；取母线侧变压器参数 $U_k\%=10\%$，并假设各负荷侧变压器同型号，有 $|Z_{L2}|=10N|Z_T|$，$|Z_{L1}|=\dfrac{10N}{N-1}|Z_T|$；取过补偿度 10%，则 $|Z_X|=0.9\times\dfrac{1}{3}(|Z_{C1}|//|Z_{C2}|)$。

解式（5.6）求得 α、β、γ 三点电压，再计算线路 1 各相电流，得到各相穿越电流与对地电容电流的大小关系为

$$\begin{cases}|\Delta\dot{I}_{1AL}|\approx\dfrac{1}{50}|\Delta\dot{I}_{1AC}|\\ |\Delta\dot{I}_{1BL}|\approx\dfrac{1}{100}|\Delta\dot{I}_{1BC}|\\ |\Delta\dot{I}_{1CL}|\approx\dfrac{1}{100}|\Delta\dot{I}_{1CC}|\end{cases}\tag{5.7}$$

从式（5.7）可见，穿越电流的影响很小。对中性点不接地系统，相当于 $Z_X=\infty$，解式（5.6）后计算线路 1 各相电流，穿越电流与对地电容电流的关系为

$$\begin{cases}|\Delta\dot{I}_{1AL}|\approx\dfrac{1}{5.5}|\Delta\dot{I}_{1AC}|\\|\Delta\dot{I}_{1BL}|\approx\dfrac{1}{11}|\Delta\dot{I}_{1BC}|\\|\Delta\dot{I}_{1CL}|\approx\dfrac{1}{11}|\Delta\dot{I}_{1CC}|\end{cases}\tag{5.8}$$

综合以上分析可知，穿越电流比较小，对一般健全线路影响很小。但若健全线或故障线故障点下游的线路很短，其流过的穿越电流将远大于其本身的对地电容电流，因此需要设置专门的判据来躲过穿越电流的影响。

5.2.2 负荷突变对电流突变特征的影响分析

负荷的变化也会引起电流突变，因此有必要研究负荷电流变化对新方法的影响。用户负荷分为单相负荷和三相负荷。

1. 单相负荷变化

380V 系统中性点直接接地，单相负荷变化仅导致本相电流变化，突变电流可分解为幅值和相位相同的正、负、零序分量，如图 5.5 所示（以 A 相负荷变化为例）。受配电变压器接线方式的影响，该突变电流在进入 10kV 系统后各序分量的相位将发生改变，表现出新特点。配电变压器一般采用 D－yn11 和 Y－yn0 两种接线组别，以下分别讨论。

对于 D－yn11 接线，零序电流在 D 绕组内环流，因而只有正序、负序分量可以进入 10kV 系统。10kV 系统电流变化规律具体如图 5.6 所示。由图 5.6 可见，用户单相负荷变化，在 10kV 系统表现为：某两相突变电流大小相等、方向相反，另一相突变电流为零，据此可与单相短路故障区别。

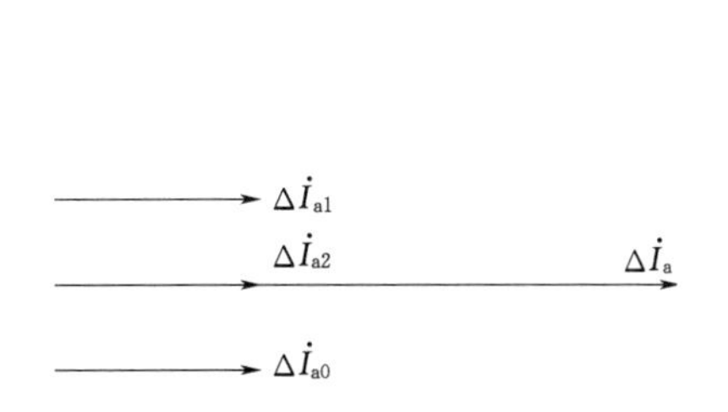

$\Delta\dot{I}_{a1}$
$\Delta\dot{I}_{a2}$
$\Delta\dot{I}_{a}$
$\Delta\dot{I}_{a0}$

图 5.5 用户侧单相负荷变化相量图

$\Delta\dot{I}_{C1}$
$\Delta\dot{I}_{B2}$
$\Delta\dot{I}_{C}=0$
$\Delta\dot{I}_{A2}$
$\Delta\dot{I}_{B}$
$\Delta\dot{I}_{A}$
$\Delta\dot{I}_{B1}$
$\Delta\dot{I}_{C2}$
$\Delta\dot{I}_{A1}$

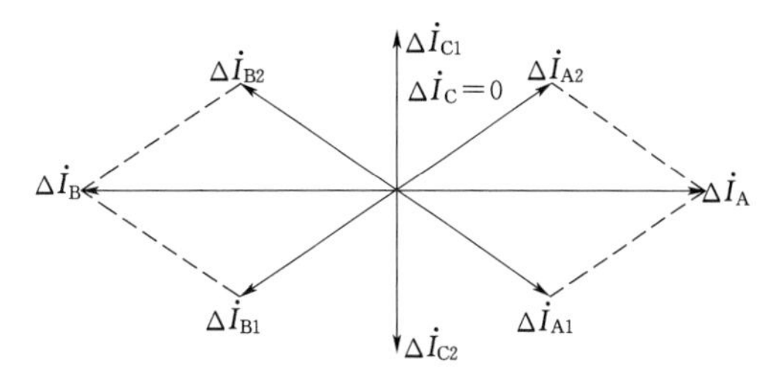

图 5.6 D 侧突变电流相量图

对于 Y－yn0 接线，零序电流无法进入配电线路，只有正序、负序分量可以进入。10kV 系统电流变化规律如图 5.7 所示。由 5.7 可见，用户单相负荷变化，在 10kV 系统表现为：某相突变电流的大小为另两相的两倍且方向相反，这与穿越电流特征相同。

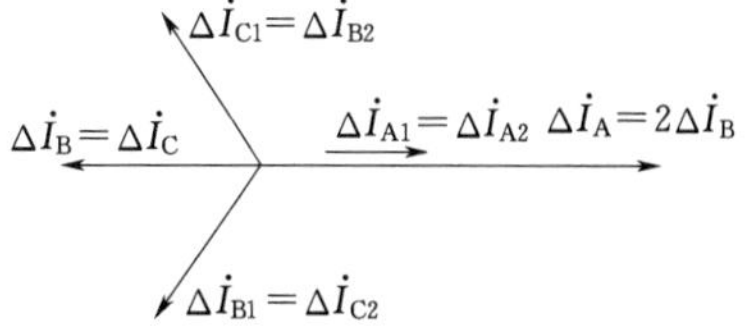

$\Delta\dot{I}_{C1}=\Delta\dot{I}_{B2}$
$\Delta\dot{I}_{B}=\Delta\dot{I}_{C}$
$\Delta\dot{I}_{A1}=\Delta\dot{I}_{A2}$ $\Delta\dot{I}_{A}=2\Delta\dot{I}_{B}$
$\Delta\dot{I}_{B1}=\Delta\dot{I}_{C2}$

图 5.7 Y 侧突变电流相量图

2. 三相负荷变化

用户侧三相负荷变化时，三相突变电流呈对称关系：大小相等、角度相差 120°，通

过计算易知，其相关系数为-0.5。

另外，由于配电变压器变比的作用，用户侧的电流反映到10kV系统后会显著减小，而且负荷一般不会急剧变化，这些因素也降低了负荷电流突变对本章算法的影响。综上所述，通过设置合适的判据就可以避免负荷电流的影响。

5.3 基于三相电流突变的单相接地故障诊断方法实现

5.3.1 电流突变量的计算及特征描述方法

用故障后的采样电流减去故障前对应采样点的电流，即可提取出时域的电流突变量。具体来说，若数据窗长度为k个工频周波，每周波采样点数为N，则第j个采样点对应的三相电流突变量为

$$\begin{cases}\Delta i_A(j)=i_A(j)-i_A(j-kN)\\ \Delta i_B(j)=i_B(j)-i_B(j-kN)\\ \Delta i_C(j)=i_C(j)-i_C(j-kN)\end{cases} \tag{5.9}$$

为了表征电流突变量的大小，仿照有效值的计算方法，定义离散电流突变量的有效值为

$$\Delta I=\sqrt{\frac{\sum_{j=1}^{N}\Delta i\ (j)^2}{N}} \tag{5.10}$$

为了表征电流突变量波形一致程度，可以采用相关分析法。线性相关分析用来表示两变量的线性一致程度，通常用相关系数ρ表示。对于两个能量型变量$x(t)$和$y(t)$，其线性相关系数可以表示为

$$\rho_{xy}=\frac{\int_{-\infty}^{\infty}x(t)y(t)\mathrm{d}t}{\sqrt{\int_{-\infty}^{\infty}x^2(t)\mathrm{d}t}\sqrt{\int_{-\infty}^{\infty}y^2(t)\mathrm{d}t}} \tag{5.11}$$

式(5.11)中，虽然时间需要取无限长，但当对能量有限的确定性信号做相关分析时，在有限长的数据窗内仍然成立。因此，将式(5.11)离散化后，有

$$\rho_{xy}=\frac{\sum_{j=1}^{N}x(j)y(j)}{\sqrt{\sum_{j=1}^{N}x\ (j)^2\sum_{j=1}^{N}y\ (j)^2}} \tag{5.12}$$

相关系数ρ_{xy}是一无量纲的量，取值范围为$0\leqslant|\rho_{xy}|\leqslant1$。若$\rho_{xy}=1$,表示$x$、$y$间存在严格的正线性关系;若$\rho_{xy}=-1$,表示$x$、$y$间存在严格的负线性关系;若$\rho_{xy}=0$,表示$x$、$y$完全不线性相关。可见,$|\rho_{xy}|$越大,则相关度越高。

5.3.2 故障检测流程

为了确定单相接地故障发生时刻并启动判别程序,首先需要设置启动判据。因为本文

的方法仅利用电流实现，所以通过电流突变量的变化率来启动，即

$$\Delta i'(k) > \Delta i'_{set} \tag{5.13}$$

经过大量仿真，为了可靠区别最大负荷变化和单相接地故障，门槛值取为0.3。

判别程序启动后，首先滤波，然后计算三相电流突变量的有效值 ΔI_A、ΔI_B、ΔI_C。由于故障线路故障点上游各个终端流过故障点电流，所以其突变电流一般较大，为了快速排除健全线路上突变电流很小的终端，减少计算量，设定突变电流门槛值 I_{set}。当三相突变电流中最大值小于该整定值时直接判为健全部分，否则可能为故障点上游线路，还需进一步判断。具体判据为

$$\Delta I_{max} = \max(\Delta I_A, \Delta I_B, \Delta I_C) < I_{set} \tag{5.14}$$

门槛值 I_{set} 按照最不利情况下故障线路故障相的电流突变量来整定，在稳态下的整定原则如下：

（1）对于中性点不接地系统，此突变量为除电容电流最大的线路外的系统对地电容电流，当零序电压为相电压的一半以上时认为故障，则

$$I_{set} = K_{rel} \times 0.5(I_{C\Sigma} - I_L) \tag{5.15}$$

式中：K_{rel} 为可靠系数，可取为0.8；$I_{C\Sigma}$ 为全网对地电容电流；I_L 为电容电流最大的线路的电容电流。

（2）对于消弧线圈接地系统，此突变量为消弧线圈电流的过补偿部分，当零序电压为相电压的一半时认为故障，则

$$I_{set} = K_{rel} \times 0.5PI_{C\Sigma} \tag{5.16}$$

式中：P 为系统过补偿度，一般为5%～10%。

考虑到在不同故障条件下，暂态过程的强弱变化较大，为了较好兼顾这些情况，暂态下可取突变电流门槛值 $I_{set}=1A$。

根据前述健全部分的相电流突变量的特征，一般有 $\frac{\Delta I_{max}}{\Delta I_{min}} \approx 1$ 且三相突变电流两两之间的相关系数 ρ_{AB}、ρ_{BC}、ρ_{CA} 都约为1，据此可以判定为健全部分，具体判据为

$$\begin{cases} \rho_{min} = \min(\rho_{AB}, \rho_{BC}, \rho_{CA}) > \rho_{set1} \\ \Delta I_{max} \leqslant K_1 \Delta I_{min} \end{cases} \tag{5.17}$$

考虑到一定的裕度，定值可整定为 $\rho_{set1}=0.6$，中性点不接地系统的 $K_1=1.5$，消弧线圈接地系统的 $K_1=1+3P$，P 为系统过补偿度。

当不满足式（5.17）时还需进一步判断究竟是穿越电流、负荷突变电流还是故障电流。

穿越电流的特征为 $\rho_{min} \approx -1$，$\Delta I_{max} \approx 2\Delta I_{min}$，为了避免将健全短线误判为故障线，可设置具体判据

$$\begin{cases} \rho_{min} \leqslant \rho_{set2} \\ \Delta I_{max} \leqslant K_2 \Delta I_{min} \end{cases} \tag{5.18}$$

定值可整定为 $\rho_{set2}=-0.3$，$K_2=2.5$。

需要说明的是式（5.18）的判据同时也可以区分是三相负荷电流突变还是配电变压器 Y-yn0 接线方式下的负荷突变电流。当不满足式（5.18）时还需进一步判断究竟是配电变压器 D-yn11 接线方式下的负荷突变电流还是故障电流，为此可以设置如下判据

$$\begin{cases}\rho_{\min}\leqslant\rho_{\mathrm{set3}}\\ \Delta I_{\max}\leqslant K_3\Delta I_{\mathrm{median}}\end{cases}\tag{5.19}$$

定值可整定为 $\rho_{\mathrm{set3}}=-0.5$，$K_3=1.5$。

当电流突变特征满足式（5.19）时可认为是健全部分，否则最终判定单相接地故障确实是发生在其下游。

根据以上判断过程，基于相电流突变原理的终端单相接地位置判别流程如图 5.8 所示。

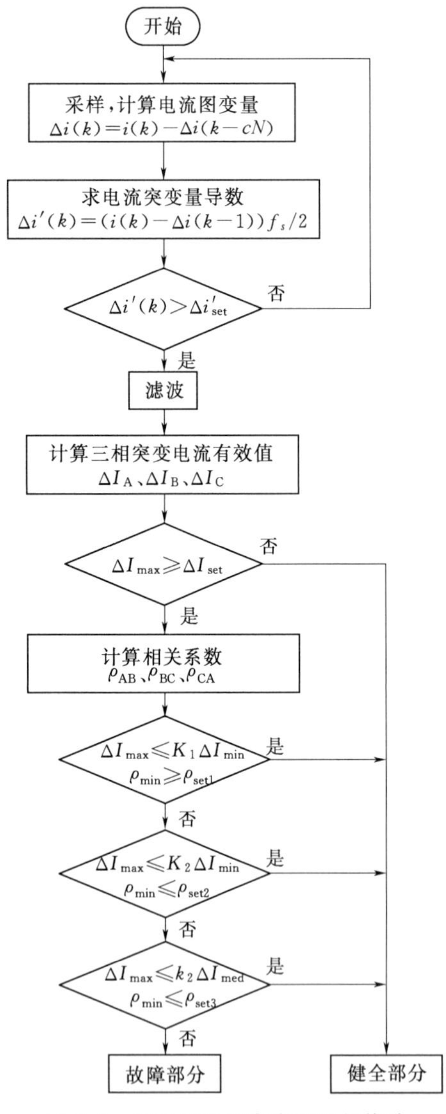

图 5.8 基于相电流突变原理的终端单相接地位置判别流程图

5.3.3 需要注意的问题

由于中性点非有效接地系统在单相接地故障时电流变化较小，用测量精度不高的保护 TA 可能难以准确提取电流突变量，故新原理应考虑使用合适的测量 TA、电子式 TA 或霍尔传感器等满足精度要求的 TA，以准确提取突变电流。为此在实验室中对某霍尔电流传感器的传变能力进行了试验，突变量提取试验部分结果如图 5.9 所示。

图 5.9 中共（a）～（d）4 个图，每个图有上、下两个部分，其中上半部分为原边突变电流幅值，下半部分为副边突变电流幅值。可以看出，霍尔电流传感器能够可靠识别最小仅为 2A 的突变电流，在提取的幅值精度上满足新原理的要求。

此外该原理的健全线三相同突变是基于线路为容性的假定，仅在首容频带内成立。因此电流互感器选择有两个基本要求。

（1）传变精度上能够在最大负荷下正确传变弱接地故障带来的电流突变，即需要保证幅值传变精度。

（2）能够传变首容频带内的暂态信号，即要保证 600Hz 以内暂态量传变特性良好。

只要满足以上要求的电流互感器，即可适用于基于相电流突变量原理的配电网单相接地选线与区段定位。

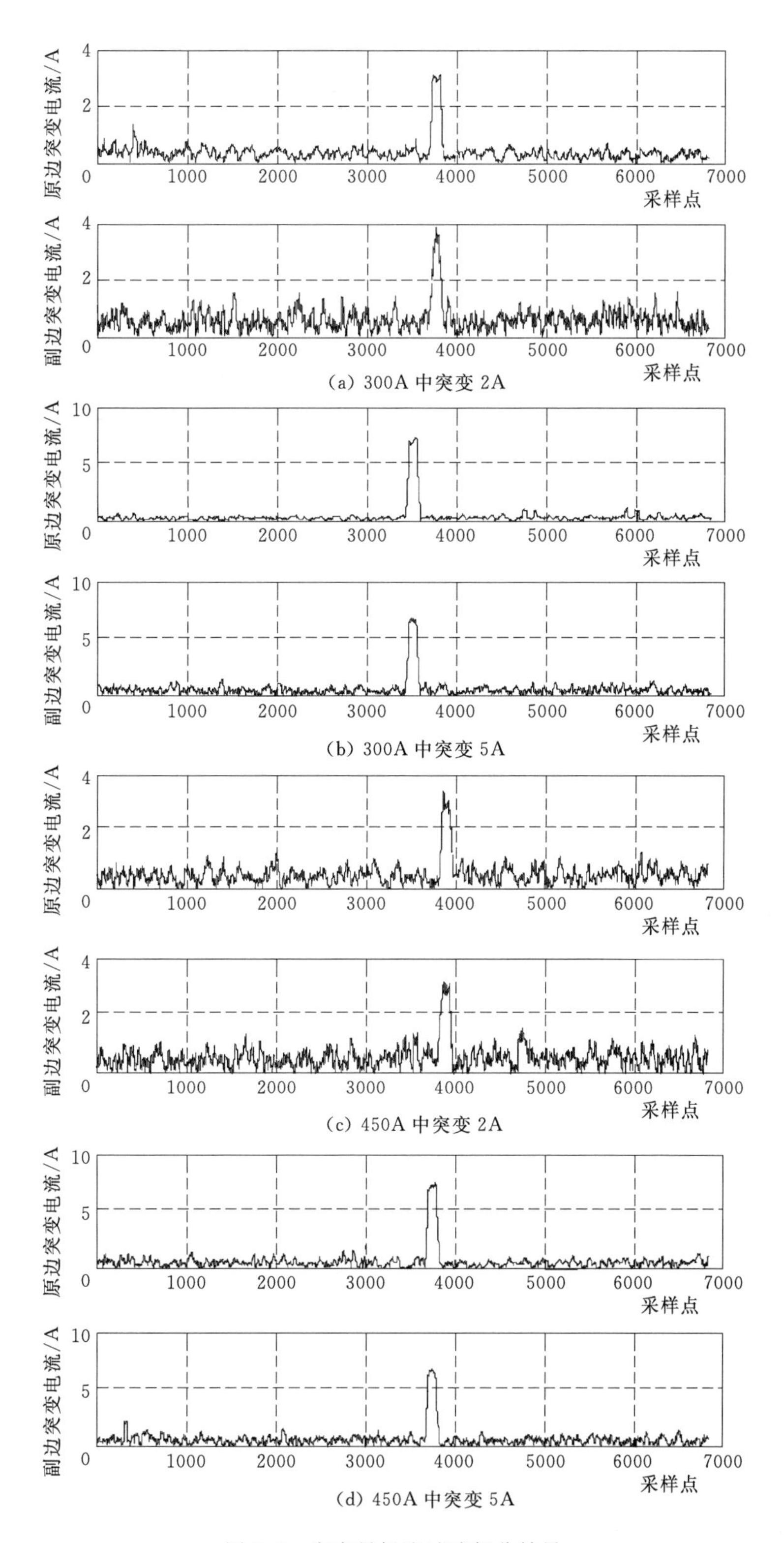

(a) 300A 中突变 2A

(b) 300A 中突变 5A

(c) 450A 中突变 2A

(d) 450A 中突变 5A

图 5.9 突变量提取试验部分结果

5.4 原　理　验　证

本节采用如图 4.7 所示配电网仿真模型仿真验证基于三相电流突变量的配电网单相接地故障检测原理，分别仿真不同中性点接地方式下不同区段、不同过渡电阻以及故障初相角下的定位效果。

不接地系统区域 6 发生金属性单相接地故障时各区域的判别结果见表 5.1。表中，区域 1、区域 6 的突变电流幅值大于门槛值，且不同相的突变电流幅值差别大、波形相关系数不高，所以判别为故障部分；而区域 3、区域 5、区域 10 的突变电流幅值接近、波形相似，故判为健全部分；区域 2 及区域 7～12 符合穿越电流特征，判为健全部分；其他区段突变电流小，判为健全部分。从表中可见，最终正确定位了故障区域 6。

表 5.2 为几个典型区域发生故障后，各区域利用暂态量独立的判别结果及最终定位结果，表 5.3 给出区域 10 经不同过渡电阻情况下的定位结果，表 5.4 给出区域 6 不同故障初相角情况下的定位结果。略去各区域的判别过程，只给出结果，可以看出各种情况下基于三相电流突变量判据的方法都可以可靠定位。

改变中性点接地方式为经消弧线圈接地，仿真可以得到相同的定位结果。综上，在中性点不接地和经消弧线圈接地系统中，基于相电流突变原理的单相接地故障检测终端能够

表 5.1　　区域 6 故障时各区段判别结果

区域	计算结果				
	$\Delta I_{max}/A$	ρ_{min}	$\frac{\Delta I_{max}}{\Delta I_{min}}$	区域结果	定位结果
1	42.72	−1	4.62	+	6
2	1.17	−0.98	2.09	−	
3	8.73	1	1.16	−	
4	0.81	—	—	−	
5	4.59	1	1.16	−	
6	51.71	−0.25	27.07	+	
7	2.70	−1	1.91	−	
8	1.10	−1	1.93	−	
9	1.15	−1	2.01	−	
10	3.62	1	1.05	−	
11	1.73	−1	2.21	−	
12	1.21	−1	2.05	−	
13	0.48	—	—	−	
14	0.78	—	—	−	

表 5.2　　不同区域金属性故障的定位结果

故障区域	判别结果														定位结果
	1	2	3	4	5	6	7	8	9	10	11	12	13	14	
0	—	—	—	—	—	—	—	—	—	—	—	—	—	—	0
4	—	—	—	+	—	—	—	—	—	—	—	—	—	—	4
7	+	—	—	—	—	+	+	—	—	—	—	—	—	—	7
9	—	+	—	—	—	—	—	—	+	—	—	—	—	—	9
10	—	—	+	—	—	—	—	—	—	+	—	—	—	—	10

表 5.3　　区域 10 经不同过渡电阻故障时的定位结果

过渡电阻/Ω	判别结果														定位结果
	1	2	3	4	5	6	7	8	9	10	11	12	13	14	
50	—	—	+	—	—	—	—	—	—	+	—	—	—	—	10
100	—	—	+	—	—	—	—	—	—	+	—	—	—	—	10
200	—	—	+	—	—	—	—	—	—	+	—	—	—	—	10
500	—	—	+	—	—	—	—	—	—	+	—	—	—	—	10
1000	—	—	+	—	—	—	—	—	—	+	—	—	—	—	10

表 5.4　　区域 6 不同故障初相角下的定位结果

过渡电阻/Ω	判别结果														定位结果
	1	2	3	4	5	6	7	8	9	10	11	12	13	14	
0	+	—	—	—	—	+	—	—	—	—	—	—	—	—	6
18	+	—	—	—	—	+	—	—	—	—	—	—	—	—	6
36	+	—	—	—	—	+	—	—	—	—	—	—	—	—	6
48	+	—	—	—	—	+	—	—	—	—	—	—	—	—	6
72	+	—	—	—	—	+	—	—	—	—	—	—	—	—	6

利用故障后的暂态量，正确判断单相接地故障是否发生在其下游，且具有较好的耐过渡电阻能力，当过渡电阻在 1000Ω 范围以内时，能保证单相接地故障检测的准确性。

5.5　本　章　小　结

本章分析了中性点非有效接地系统单相接地故障时的相电流突变量特征，由于故障点上游线路与健全线及故障点下游线路的三相电流突变量特征不同，所以该特征可以用于单相接地故障检测。根据该特征，提出了一种单相接地故障检测新原理，给出了具体判别流程及相关参数的整定方法。新原理仅需测量电流，不需要测量电压，并且具有自举性。大量的仿真结果表明，无论中性点不接地还是消弧线圈接地方式，该原理都能够正确可靠诊断单相接地故障，且耐过渡电阻能力较好。

本章参考文献

[1] 宋国兵，李广，于叶云，等．基于相电流突变量的配电网单相接地故障区段定位［J］．电力系统自动化，2011，35（21）：84-90.

[2] 李广．配电网单相接地故障区段定位研究［D］．西安：西安交通大学，2012.

第6章

基于配电自动化的单相接地选线与定位

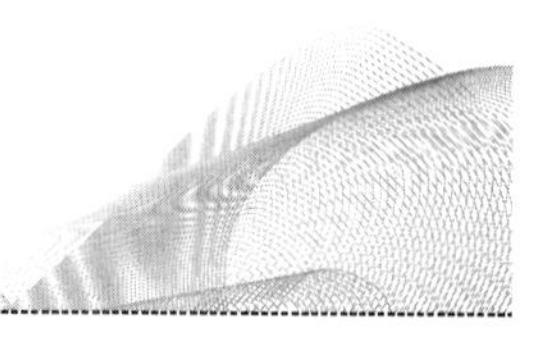

将单相接地检测装置（如配电自动化终端、故障指示器等）的信息传送至配电自动化系统主站，由主站根据这些信息实现单相接地选线和定位，而且还可利用数据冗余实现一定的容错性。

6.1 单相接地故障特征的两值化处理

采用本节所述的方法可以使绝大多数原理的单相接地检测信息都具备两值性和分化性特征，从而可以应用相间短路故障定位的原理实现单相接地区域定位。

6.1.1 基于暂态分量的参数辨识法

在第4章中论述的基于暂态分量的参数辨识法是一种非常成功的单相接地检测方法，由于利用暂态分量，其具有信号幅度大、便于检测的优点；由于利用较高频带的信号，其对中性点接地方式不敏感。

在单相接地选线应用中，单相接地检测装置安装于变电站内，对于中性点非有效接地的配电网，单相接地时在暂态下存在一个首容频段（$f_{\min}$，$f_{\max}$），在该频段内，健全馈线检测到的零序电流和零序电压导数之间为正线性相关关系，即辨识出正电容参数；而单相接地所在馈线检测到的零序电流和零序电压导数之间为负线性相关关系，即辨识出负电容参数。利用上述差异可以实现单相接地选线。

在单相接地定位应用中，单相接地检测装置安装于变电站内和馈线沿线分段处，安装于健全馈线及单相接地所在馈线的单相接地点下游馈线段的装置均辨识出正电容参数；安装于故障馈线单相接地点上游馈线段的装置均辨识出负电容参数。

可见上述特征具有两值性和分化性，若单相接地故障检测装置识别出的电容值为负，则反映出单相接地故障发生在其下游；若识别出的电容值为正，则反映出单相接地故障发生在其上游。

6.1.2 相电流突变法

在第5章中论述的相电流突变法也是一种成功的单相接地检测方法，可以利用稳态量也可以利用暂态分量，并且其不需要检测电压信号，因此只需配置电流互感器即可。

在单相接地选线应用中，单相接地检测装置安装于变电站内，当发生单相接地后，健全馈线的三相电流突变量为线路对地电容电流，同一点测得的三相突变电流相近，即幅值近似相等、波形一致；而单相接地所在馈线，两健全相的突变电流相近，而与故障相的突变电流不同，在幅值和波形上都有很大差别，因为后者还含有故障点电流。利用上述差异可以实现单相接地选线。

在单相接地定位应用中，单相接地检测装置安装于变电站内和馈线沿线分段处，对于健全线路以及单相接地所在馈线在故障点下游部分测得的三相突变电流相近，即幅值近似相等、波形一致；而单相接地所在馈线在故障点上游部分的两健全相的突变电流相近，而与故障相的突变电流不同，在幅值和波形上都有很大差别，因为后者还含有故障点电流。

可见上述特征具有两值性和分化性，若单相接地故障检测装置检测到三相突变电流相近则反映出单相接地故障发生在其上游；若单相接地故障检测装置检测出两相的突变电流相近，而与另外一相的突变电流不同，则反映出单相接地故障发生在其下游。根据上述特征还可确定发生单相接地的相别。

6.1.3 首半波法

首半波法具有暂态信号较大、易检测的特点。

在单相接地选线应用中，单相接地检测装置安装于变电站内，当发生单相接地时，接地相电容电荷通过接地馈线对接地点放电，使得健全馈线的零序电流与接地馈线的零序电流首半波极性相反，从而实现单相接地选线。

在单相接地定位应用中，单相接地检测装置安装于变电站内和馈线沿线分段处。深入研究后发现：在发生单相接地时，健全馈线和接地馈线在接地点下游部分的零序电流首半波与零序电压首半波极性相同，接地馈线在接地点上游部分的零序电流首半波与零序电压首半波极性相反。

可见上述特征具有两值性和分化性，以零序电压首半波为参考，若单相接地故障检测装置检测到零序电流首半波与零序电压首半波极性相反，则反映出单相接地故障发生在其下游；若单相接地故障检测装置检测到零序电流首半波与零序电压首半波极性相同，则反映出单相接地故障发生在其上游。

6.1.4 其他方法

类似地，应用于单相接地选线的负序电流法、零序导纳法、零序电流有功分量法、谐波分量法、工频零序电流比相法、工频零序电流比幅法、中电阻并入法、残流增量法、“S注入法”等，在单相接地定位应用中，安装于变电站内和馈线沿线分段处的单相接地检测装置所检测到的信息也都具有两值性和分化性特征。

在符合表6.1特征时，反映出单相接地故障发生在相应的单相接地检测装置的下游。

6.1.5 单相接地故障定位信息上报原则

单相接地检测装置（如配电自动化终端、故障指示器等）只有检测到单相接地故障发生在其下游时才向配电自动化主站发送“单相接地故障在其下游”的信息，其余情形下（包括未发现存在单相接地，或者发现存在单相接地但是检测出单相接地在其上游）都不向配电自动化主站发送信息。

表 6.1　各种单相接地检测原理下，单相接地故障发生在相应检测装置下游的条件

单相接地检测原理	单相接地故障发生在相应检测装置下游的条件
负序电流法	超过阈值的负序电流
零序导纳法	测量导纳为负
零序电流有功分量法	零序电流有功分量超过阈值
谐波分量法	5 次谐波较大且极性指向母线
工频零序电流比相法	工频零序电流极性指向母线
工频零序电流比幅法	工频零序电流幅值超过阈值
中电阻并入法	工频零序电流幅值超过阈值
残流增量法	工频零序电流幅值超过阈值
“S注入法”	特殊频率的奇异信号幅值超过阈值

配电自动化主站一旦收到某个终端上报的单相接地故障在其下游的信息，则将其信息状态置 1，否则置 0。

6.2　单相接地选线与定位的通用判据

一些供电公司建设了专门服务于单相接地选线和定位的集中监控主站，但是将单相接地检测装置的信息直接传送至配电自动化主站而不再单独建设集中主站的方式更加可取。

在按照 6.1 节所述方法将各个单相接地检测装置采集的定位信息如同反映相间短路故障那样进行“两值化”处理后再上报配电自动化主站，这样配电自动化主站就可以直接利用成熟的相间短路故障定位方法进行单相接地区域定位。

6.2.1　配电自动化主站的相间短路故障定位判据

配电自动化主站是依靠短路电流在配电网上的分布来进行相间短路故障定位的。

对于一个配电网，将由具有短路电流监测功能的装置（如 FTU、DTU、故障指示器）围成的、其中不再包含具有故障电流监测功能的装置的子网络称为最小相间短路故障定位区域，它是配电自动化系统所能定位相间短路故障的最小范围。将围成最小相间短路故障定位区域的节点称为其端点。

1. 配电自动化系统广泛采用的相间短路故障定位判据

（1）对于开环运行的情形，若一个最小相间故障定位区域的一个端点上报了短路电流信息，并且其他所有端点均未上报短路电流信息，则反映该区域内发生了相间短路故障；若其他端点中至少有一个也上报了短路电流信息，则反映故障不在该区域内。

（2）对于闭环运行的情形，若一个最小相间故障定位区域的所有经历了短路电流的端点的故障功率方向都指向该区域内部，则反映该区域内发生了相间短路故障；若至少有一个经历了短路电流的端点的故障功率方向指向该区域外部，则反映故障不在该区域内。

2. 相间短路故障定位判据的关键

（1）故障电流信息的两值性。即只存在“经历了故障电流”和“没有经历故障电流”

两种状态或“故障功率方向指向内部”和“故障功率方向指向外部”两种状态。

(2) 故障所在区域的故障信息的分化性。即相间短路故障所在区域是故障信息的两值性状态发生变化之处。

6.2.2 基于配电自动化主站的单相接地故障定位判据

对于分散安装了大量具有单相接地检测功能的装置并能够将相关信息发送至配电自动化系统主站的配电网，如果按照6.1节所述方法使单相接地定位特征信息具有了如同相间短路故障信息的两值性和分化性，则可直接利用相间短路故障定位判据进行单相接地定位。

首先需要在已有配电网模型中扩展“最小单相接地定位区域”的概念。对于一个配电网，将由具有单相接地检测功能的装置围成的、其中不再包含具有单相接地检测功能装置的子网络称为最小单相接地定位区域，它是利用这些具有单相接地检测功能的装置所能对单相接地位置进行定位的最小范围。

配电自动化主站根据所收集到的单相接地检测装置发送的相关信息进行单相接地定位的判据为：

若一个最小单相接地定位区域的一个端点上报了“单相接地故障在其下游”的信息，并且其他所有端点均未上报“单相接地故障在其下游”的信息，则反映该区域内发生了单相接地故障；若一个最小单相接地定位区域的所有端点均没有上报“单相接地故障在其下游”的信息，或至少有两个端点同时上报了“单相接地故障在其下游”的信息，则反映故障不在该区域内。

例如，对于图6.1所示的一个配电网络，矩形框代表变电站出线断路器，圆圈代表线路分段断路器，实心符号代表合闸状态，空心符号代表分闸状态，当在分段断路器C下游发生单相接地故障时，如果不发生信息“漏报”和“误报”，则配电自动化主站应当收到的各个单相接地检测装置上报的故障信息如图6.1所示，图中“+”表示主站收到该装置上报信息“单相接地发生在检测装置下游”，“－”表示主站未收到该装置上报信息“单相接地发生在检测装置下游”。

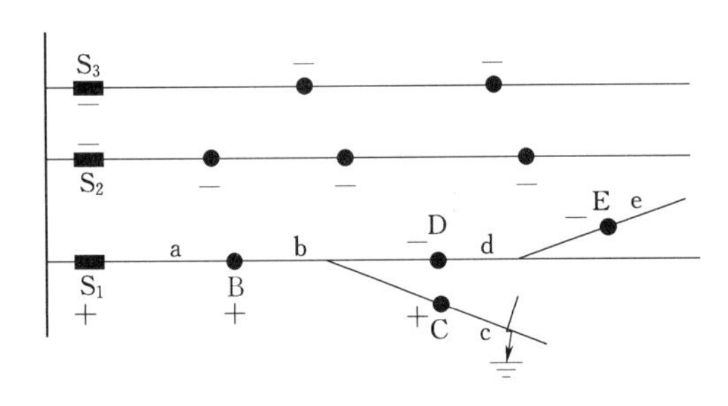

图6.1 配电自动化主站单相接地定位判据示例

对于S_2、S_3所供馈线，由于主站未收到沿线单相接地检测装置上报“单相接地发生在检测装置下游”信息，因此S_2、S_3所供馈线上的各个区域均满足“所有端点均没有上报‘单相接地故障在其下游’的信息”，主站判断单相接地故障不是发生在上述区域内。

对于S_1所供馈线，区域a和b满足“至少有两个端点同时上报了‘单相接地故障在其下游’的信息”，因此主站判断单相接地故障不是发生在区域a和b内；区域d和e满足“所有端点均没有上报‘单相接地故障在其下游’的信息”，主站判断单相接地故障不是发生在区域d和e内；只有区域c满足“一个端点上报了‘单相接地故障在其下游’的信息，并且其他所有端点均未上报‘单相接地故障在其下游’的信息”，因此主站最终正确判断出单相接地故障发生在区域 c 内部。

由于不需要更改配电自动化系统主站的应用软件，而是直接利用其已经成熟的相间短路故障定位功能就可以实现单相接地定位，因此本章论述的方法对于所有已经建成的配电自动化系统主站都直接适用。但是要求具有单相接地检测功能的终端能够将定位信息两值化之后以配电终端通信协议上传到配电自动化主站。

6.3 单相接地选线与定位的容错方法

对于中性点非有效接地系统，反映单相接地的信号检测存在一定的难度，难免存在一定的差错；加之通信和电源障碍在所难免，有时还会发生单相接地定位信息漏报（或配电自动化主站未收到）的现象。即配电自动化主站在进行单相接地定位时面临的故障信息不健全问题比相间短路定位的情形更加突出，如果配电自动化主站不能建立容错定位机制，将明显影响单相接地定位性能。

对于给定的配电网拓扑结构，来自各个位置的单相接地定位信息之间存在相互关联；一些高性能的单相接地检测装置还同时具有多种定位原理，可以上报基于多种原理的定位信息。充分利用定位信息的上述冗余性，配电自动化主站可以实现容错定位，即使在定位信息漏报和错报情况下，也有很大的概率获得正确的定位结果。

6.3.1 基于极大似然估计的容错方法

基于极大似然估计的容错方法已经被成功地应用于相间短路故障容错定位，在单相接地检测装置采取了 6.1 节所述方法后，也可以采用基于极大似然估计的容错方法实现单相接地容错定位。

与相间短路的情形不同，单相接地检测装置一般都可同时具有不止一种的检测方法，并且在间歇电弧接地的情况下，每一次弧光接地都可启动一次检测过程，这样进一步增大了单相接地检测信息的冗余，有利于提高其容错能力。

若配电自动化主站收到了第 i 个单相接地检测装置上报单相接地故障在其下游的信息，假设其正确的概率是 $p_{c1,i}$，错报的概率是 $p_{M,i}$，则有

$$p_{c1,i}=1-p_{M,i} \tag{6.1}$$

若配电自动化主站未收到第 i 个单相接地检测装置上报单相接地故障在其下游的信息，假设其正确的概率是 $p_{c2,i}$，漏报的概率是 $p_{L,i}$，则有

$$p_{c2,i}=1-p_{L,i} \tag{6.2}$$

一般情况下，正确上报的概率是个大值，错报和漏报的概率是个小值，可以根据同类设备的历史运行记录统计得出。

假设单相接地检测装置同时可以上报多种原理得出的定位信息，并且在间歇电弧接地的情况，配电自动化主站收到了单相接地检测装置发来的多轮定位信息，假设同时获得了 N 组定位信息，则对于 k 区域发生单相接地的假设，收到的基于第 n 组定位信息与应该出现的现象相符的概率（即极大似然估计）为

$$p_{k,n} = \prod_{i \in \boldsymbol{\Omega}} p_{c1,i,n} \prod_{j \in \boldsymbol{\Lambda}} p_{c2,j,n} \prod_{h \in \boldsymbol{\Pi}} p_{M,h,n} \prod_{l \in \boldsymbol{\Gamma}} p_{L,l,n} \tag{6.3}$$

式中：$\boldsymbol{\Omega}$ 为收到定位信息且与单相接地发生在区域 k 的假设相符的单相接地检测装置的集合；$\boldsymbol{\Lambda}$ 为未收到定位信息且与单相接地发生在区域 k 的假设相符的单相接地检测装置的集合；$\boldsymbol{\Pi}$ 为收到定位信息但与单相接地发生在区域 k 的假设不相符的单相接地检测装置的集合；$\boldsymbol{\Gamma}$ 为未收到定位信息但与单相接地发生在区域 k 的假设不相符的单相接地检测装置的集合；$k=0$ 表示没有发生单相接地。

收到的 N 组信息都与 k 区域发生单相接地的假设相符的概率为

$$p_k = \prod_{n=1}^{N} p_{k,n} \tag{6.4}$$

则在单处接地故障假设下，第 k 个区域发生单相接地的可能性 P_k 为

$$P_k = \frac{p_k}{\sum_{i=0}^{K} p_i} \tag{6.5}$$

式中：K 为可能发生单相接地的区域的总数。

实际应用中，可选择概率最高，即应该收到的单相接地定位信息与实际收到的单相接地定位信息最相符的单相接地假设区域作为最可能的定位结果。当若干个区域发生单相接地的可能性都相差不大时，则可认为这几种可能性都存在，但是也为查找工作提供了重要线索。

6.3.2 基于贝叶斯估计的容错方法

在通过长期运行积累、掌握了各个区域发生单相接地概率的基础上，可以此作为先验概率，将基于极大似然估计的容错方法升级成为基于贝叶斯估计的容错方法。

各个区域发生单相接地概率可以根据统计获得，比如：某条线路一段时期内一共发生单相接地 100 次，其中 A 区域发生了 12 次，则 A 区域发生单相接地的概率为 12/100＝12％，可以此作为该区域发生单相接地的先验概率。

设第 k 区域发生单相接地的先验概率为 p'_k，则对于 k 区域发生单相接地的假设，考虑先验概率后，收到的 N 组信息都与 k 区域发生单相接地的假设相符的概率为

$$p_k = p'_k \prod_{n=1}^{N} p_{k,n} \tag{6.6}$$

则 k 个可能发生单相接地的区域中，在单处接地故障假设下，第 k 个区域发生单相接地的可能性 P_k 为

$$P_k = \frac{p_k}{\sum_{i=0}^{K} p_i} \tag{6.7}$$

6.3.3 实际工程案例分析

例如，图 6.2（a）所示为一条典型的架空配电线路，矩形框代表开关。在各个开关处，安装了同时具备基于暂态分量的参数辨识原理和相电流突变原理的单相接地检测装

置，并能向配电自动化主站上报单相接地是否发生在其下游的定位信息。

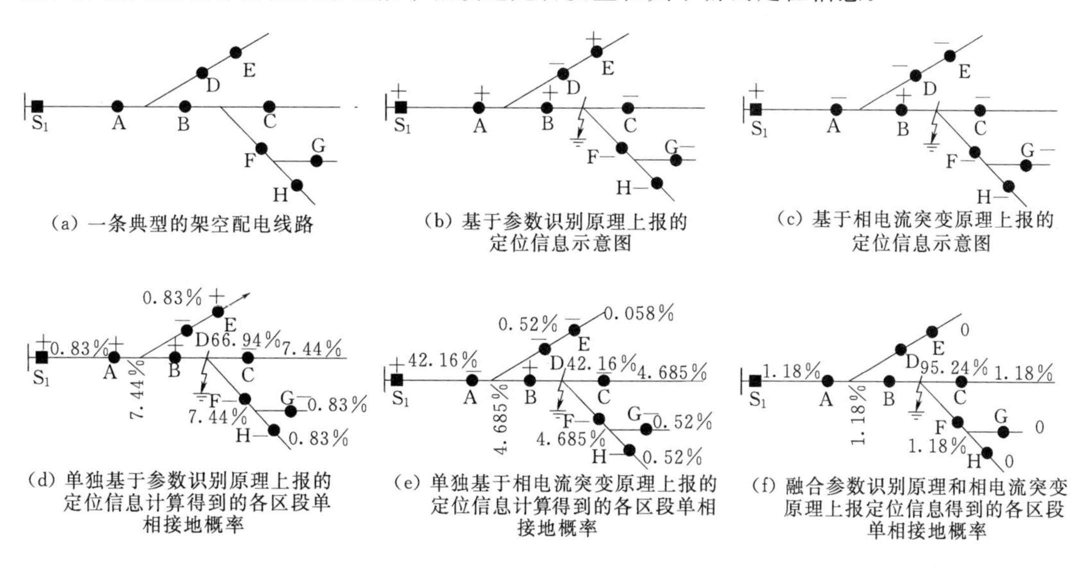

图 6.2 基于极大似然估计方法的单相接地容错定位示例

在图 6.2 中，“+”表示主站收到该检测装置上报信息“单相接地发生在检测装置下游”，“—”表示主站未收到该检测装置上报信息“单相接地发生在检测装置下游”。

假设在由开关 B、C 和 F 围成的区域内发生了单相接地，主站收到的基于暂态分量的参数识别原理上报的定位信息如图 6.2（b）所示，基于相电流突变原理上报的定位信息如图 6.2（c）所示，由图 6.2 可见它们均含有差错。设 p_{c1}、p_{c2} 均为 0.9。

1. 基于极大似然估计的容错方法

基于参数识别原理上报定位信息与各区域故障假设相符的概率分别为

$p_1(D_0)=0.9\times0.9\times0.9\times0.9\times0.9\times0.1\times0.1\times0.1\times0.1=0.000059049$

$p_1(S_1-A)=0.9\times0.9\times0.9\times0.9\times0.9\times0.9\times0.1\times0.1\times0.1=0.000531441$

$p_1(A-B-D)=0.9\times0.9\times0.9\times0.9\times0.9\times0.9\times0.9\times0.1\times0.1=0.004782969$

$p_1(B-C-F)=0.9\times0.9\times0.9\times0.9\times0.9\times0.9\times0.9\times0.9\times0.1=0.043046721$

$p_1(D-E)=0.9\times0.9\times0.9\times0.9\times0.9\times0.9\times0.1\times0.1\times0.1=0.000531441$

$p_1(F-H-G)=0.9\times0.9\times0.9\times0.9\times0.9\times0.9\times0.9\times0.1\times0.1=0.004782969$

$p_1(E-)=0.9\times0.9\times0.9\times0.9\times0.9\times0.9\times0.9\times0.1\times0.1=0.004782969$

$p_1(C-)=0.9\times0.9\times0.9\times0.9\times0.9\times0.9\times0.9\times0.1\times0.1=0.004782969$

$p_1(G-)=0.9\times0.9\times0.9\times0.9\times0.9\times0.9\times0.1\times0.1\times0.1=0.000531441$

$p_1(H-)=0.9\times0.9\times0.9\times0.9\times0.9\times0.9\times0.1\times0.1\times0.1=0.000531441$

其中，D_0 表示没有故障区域。

根据式（6.5），则单独基于暂态分量的参数识别原理上报的定位信息得到的各个区段单相接地的可能性如图 6.2（d）所示，B、C 和 F 围成的区域故障概率最高，为 66.94%。

基于相电流突变原理上报定位信息与各区域故障假设相符的概率分别为

$p_2(D_0)=0.9\times0.9\times0.9\times0.9\times0.9\times0.9\times0.9\times0.1\times0.1=0.004782969$

$p_2(S_1-A)=0.9\times0.9\times0.9\times0.9\times0.9\times0.9\times0.9\times0.9\times0.1=0.043046721$

$p_2(A-B-D)=0.9\times0.9\times0.9\times0.9\times0.9\times0.9\times0.9\times0.1\times0.1=0.004782969$

$p_2(B-C-F)=0.9\times0.9\times0.9\times0.9\times0.9\times0.9\times0.9\times0.9\times0.1=0.043046721$

$p_2(D-E)=0.9\times0.9\times0.9\times0.9\times0.9\times0.9\times0.1\times0.1\times0.1=0.000531441$

$p_2(F-H-G)=0.9\times0.9\times0.9\times0.9\times0.9\times0.9\times0.9\times0.1\times0.1=0.004782969$

$p_2(E-)=0.9\times0.9\times0.9\times0.9\times0.9\times0.1\times0.1\times0.1\times0.1=0.000059049$

$p_2(C-)=0.9\times0.9\times0.9\times0.9\times0.9\times0.9\times0.9\times0.1\times0.1=0.004782969$

$p_2(G-)=0.9\times0.9\times0.9\times0.9\times0.9\times0.9\times0.1\times0.1\times0.1=0.000531441$

$p_2(H-)=0.9\times0.9\times0.9\times0.9\times0.9\times0.9\times0.1\times0.1\times0.1=0.000531441$

根据式（6.5），则单独基于相电流突变原理上报的定位信息得到的各个区段单相接地的可能性如图 6.2（e）所示，S_1、A 围成的区域和 B、C 和 F 围成的区域故障概率最高，均为 42.16%。

可见，采用极大似然估计方法进行单相接地故障定位能够具有一定的容错能力。

进一步，综合两种原理上报定位信息与各区域故障假设相符的概率分别为

$p(D_0)=p_1(D_0)p_2(D_0)\approx2.8243\times10^{-10}$

$p(S_1-A)=p_1(S_1-A)p_2(S_1-A)\approx228768\times10^{-10}$

$p(A-B-D)=p_1(A-B-D)p_2(A-B-D)\approx228768\times10^{-10}$

$p(B-C-F)=p_1(B-C-F)p_2(B-C-F)\approx18530202\times10^{-10}$

$p(D-E)=p_1(D-E)p_2(D-E)\approx2.8243\times10^{-10}$

$p(F-H-G)=p_1(F-H-G)p_2(F-H-G)\approx228768\times10^{-10}$

$p(E-)=p_1(E-)p_2(E-)\approx2.8243\times10^{-10}$

$p(C-)=p_1(C-)p_2(C-)\approx228768\times10^{-10}$

$p(G-)=p_1(G-)p_2(G-)\approx2.8243\times10^{-10}$

$p(H-)=p_1(H-)p_2(H-)\approx2.8243\times10^{-10}$

将上述计算结果代入式（6.5），则进一步综合两种原理上报信息后采用极大似然估计方法得到的各个区段单相接地的可能性如图 6.2（f）所示，B、C 和 F 围成的区域故障概率最高，为 95.24%，综合两种原理上报信息后容错性显著提升。

2. 基于贝叶斯估计的容错方法

假设根据该馈线历史上发生故障的统计信息，在 B、C 和 F 围成的区域发生单相接地故障的比例较高，达到 20%，其余区域发生单相接地故障的比例比较平均，均为 10%，则可以进一步采用贝叶斯估计方法，有

$p(D_0)=0.1p_1(D_0)p_2(D_0)\approx2.8243\times10^{-11}$

$p(S_1-A)=0.1p_1(S_1-A)p_2(S_1-A)\approx228768\times10^{-11}$

$p(A-B-D)=0.1p_1(A-B-D)p_2(A-B-D)\approx228768\times10^{-11}$

$p(B-C-F)=0.2p_1(B-C-F)p_2(B-C-F)\approx37060404\times10^{-11}$

$p(D-E)=0.1p_1(D-E)p_2(D-E)\approx2.8243\times10^{-11}$

$p(F-H-G)=0.1p_1(F-H-G)p_2(F-H-G)\approx228768\times10^{-11}$

$p(E-)=0.1p_1(E-)p_2(E-)\approx2.8243\times10^{-11}$

$p(C-)=0.1p_1(C-)p_2(C-)\approx228768\times10^{-11}$

$p(G-)=0.1p_1(G-)p_2(G-)\approx2.8243\times10^{-11}$

$p(H-)=0.1p_1(H-)p_2(H-)\approx2.8243\times10^{-11}$

将上述计算结果代入式（6.7），可以计算得到基于贝叶斯估计的各个区段单相接地的概率，如图 6.3 所示，B、C 和 F 围成的区域故障概率最高，为 97.6%，可见采用贝叶斯方法计算得到的单相接地故障区段的概率更高，准确性进一步提升。

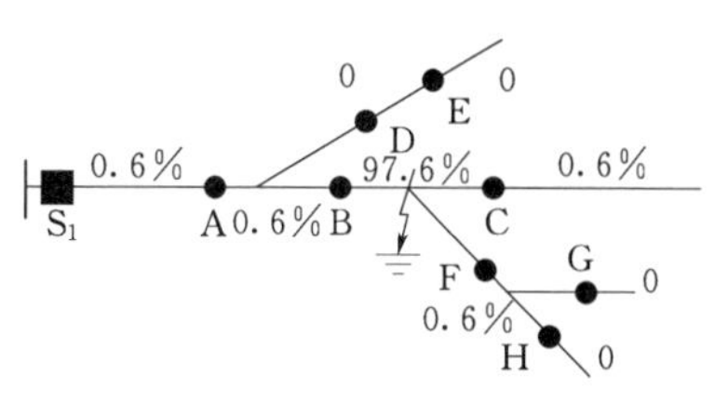

图 6.3　基于贝叶斯估计方法的单相接地容错定位计算结果

6.4　工　程　应　用

基于配电自动化的单相接地选线与定位技术已在一些地区的配电自动化工程中得到实际应用，以西安东郊配电网应用为例，效果良好。

西安配电自动化系统采用南瑞 OPEN3200 配电自动化主站，采用本章所论述的单相接地定位技术方案，未改变其应用软件，而仅仅进行了必要的组态配置，并在相间短路基本故障定位判据之外增加了容错故障定位功能。

西安东郊 110kV 洪庆变电站是给洪庆街道城区及城乡结合部供电的变电站，配有北京电力设备总厂的 XDJR 有载调容消弧线圈装置一套，其中洪庆一线线路总长 79390m，为架空裸线，属于单相接地多发线路，如图 6.4 所示。

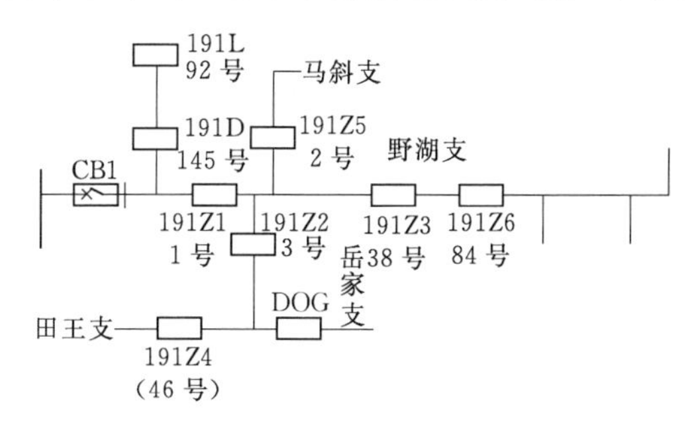

图 6.4　西安东郊洪庆一线

在其变电站出线断路器 CB1 以及各分段开关配套安装了具有单相接地检测功能的配电终端，同时具备基于暂态分量的参数识别原理和相电流突变两种单相接地检测原理，并且采用 6.1 节所述方法进行了两值化处理，通过无线公网通信网络，利用 GPRS 通信方式，以 101 规约将单相接地定位信息上传到配电自动化主站。

工程竣工后，采用移动式单相接地现场测试装备对单相接地定位效果进行了现场测试，分别在 191Z2 上游和 191Z4 下游以及两台开关中间分别进行 1000Ω、750Ω、500Ω、250Ω 电阻和金属性接地试验。现场试验结果表明，单相接地定位结果全部正确。

工程投运以来，定位单相接地 19 次，大部分为瞬时性单相接地，其中 3 次永久性单相接地经现场勘查全部正确。2015 年 5 月 1 日，洪庆 191 线 C 相不完全接地，系田王支 30 号杆处导线被民房剐蹭所致，系统准确判断出接地位置在 191Z4 下游；6 月 24 日雨天，岳家支 45 号杆北 1～2 号杆之间线路被树枝压线，并演变成相间短路故障，系统准确判断出接地位置在 191Z2 和 191Z4 之间；7 月 24 日，田王支 30～40 号杆树枝压线，系统准确判断出接地位置在 191Z4 下游。

6.5 本 章 小 结

（1）暂态分量参数辨识法、相电流突变法、首半波法等绝大多数单相接地定位原理的定位信息都具备取值两值性和单相接地所在区域分化性的特征，具有两值性和分化性特征的单相接地检测装置的定位信息可以直接传送至配电自动化主站，而不必再单独建设集中主站，从而可以直接采用已经成熟的配电自动化主站进行相间短路故障定位的判据进行单相接地区域定位。

（2）利用来自各个不同安装位置的单相接地检测装置上报信息之间的相互关联性以及多种定位原理上报的定位信息的冗余性，采用极大似然估计和贝叶斯方法可以实现容错定位，即使在定位信息漏报和错报情况下，也有很大的概率获得正确的定位结果。

本 章 参 考 文 献

[1] 王慧，范正林．“S注入法”与选线定位［J］．电力自动化设备，1999，19（3）：18－20.

[2] 陈禾，陈维贤．配电线路的零序电流和故障选线新方法［J］．高电压技术，2007，33（1）：49－52.

[3] 王倩，王保震．基于残流增量法的谐振接地系统单相接地故障选线［J］．青海电力，2010（1）：50－52.

[4] 何润华，潘靖，霍春燕．基于变电抗的接地选线新方法［J］．电力自动化设备，2008，27（12）：48－52.

[5] 熊睿，张宏艳，张承学，等．小电流接地故障智能综合选线装置的研究［J］．继电器，2006，34（6）：6－10.

[6] 郑顾平，杜向楠，齐郑，等．小电流单相接地故障在线定位装置研究与实现［J］．电力系统保护与控制，2012，40（8）：135－139.

[7] 梁睿，辛健，王崇林，等．应用改进型有功分量法的小电流接地选线［J］．高电压技术，2010（2）：375－379.

[8] 薛永端，冯祖仁，徐丙垠．中性点非直接接地电网单相接地故障暂态特征分析［J］．西安交通大学学报，2004，38（2）：195－199.

[9] 索南加乐，李宗朋，王莉，等．基于频域参数识别方法的配电网单相接地故障选线［J］．电力系统自动化，2012，36（23）：93－97＋125.

[10] 宋国兵，李广，于叶云，等．基于相电流突变量的配电网单相接地故障区段定位［J］．电力系统自动化，2011，35（21）：84－90.

[11] 葛耀中，徐丙垠．利用暂态行波测距的研究［J］．电力系统及其自动化学报，1996，8（3）：17－22.

[12] 李泽文，郑盾，曾祥君，等．基于极性比较原理的广域行波保护方法［J］．电力系统自动化，2011（3）：49－53.

[13] 刘健，赵倩，程红丽，等．配电网非健全信息故障诊断及故障处理［J］．电力系统自动化，2010，34（7）：50－56.

第7章

自动化开关协调配合的单相接地故障处理

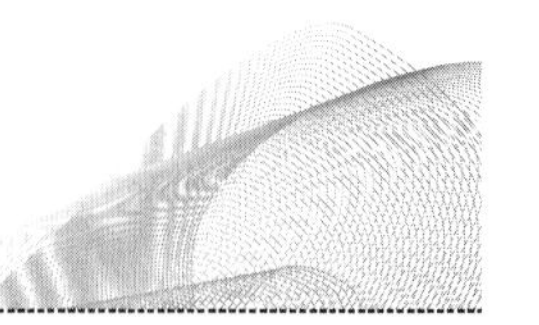

第6章论述了基于集中智能配电自动化系统的单相接地故障处理技术，本章论述基于自动化开关协调配合的单相接地故障处理技术，其特点是不需要建设通信通道也不依赖集中智能配电自动化就可以实现单相接地故障定位、隔离和健全区域恢复供电。

7.1 小电阻接地配电系统的自动化开关配合方案

在第3章中论述了小电阻接地配电系统的继电保护基本原理，但是仅仅基于继电保护技术，只能保障接地故障上游区域供电，而不能自动恢复接地故障下游区域供电，而且在瞬时性故障时，还需要通过重合闸配合自动恢复全线供电。本节将论述完整的基于继电保护和重合闸技术的小电阻接地配电系统单相接地故障自动处理方案。

7.1.1 辐射状配电线路的自动化开关配合

小电阻接地配电系统具有过电压水平低、接地故障切除速度快的特点，适用于容性电流较大（一般大于150A）、电缆化率较高的区域。

对于小电阻接地配电系统，单相接地仍在故障中占有很大的比例，其中一部分是高阻接地，对于纯电缆馈线，单相接地故障一般均为永久性故障，对于架空—电缆混合馈线，存在一些瞬时性故障。

为了实现单相接地故障的选择性切除，自动化开关一般可以配置三段式零序过电流保护或定时限零序过电流保护，由于配电线路一般比较短，考虑到多级三段式零序过电流保护配合的难度，本节重点论述配置定时限零序过电流保护的自动化开关的解决方案。为了防止在其他线路发生接地故障时定时限零序过电流保护误动，其电流定值需按躲开本线路的对地电容电流整定，一般零序电流（$3I_0$）定值可整定为30～50A，可根据馈线具体长度和电缆化程度确定，延时时间级差一般可设置为0.3～0.5s，如图7.1所示。图7.1中，矩形框代表变电站出线断路器，圆圈代表线路分段断路器，实心符号代表合闸状态，空心符号代表分闸状态。

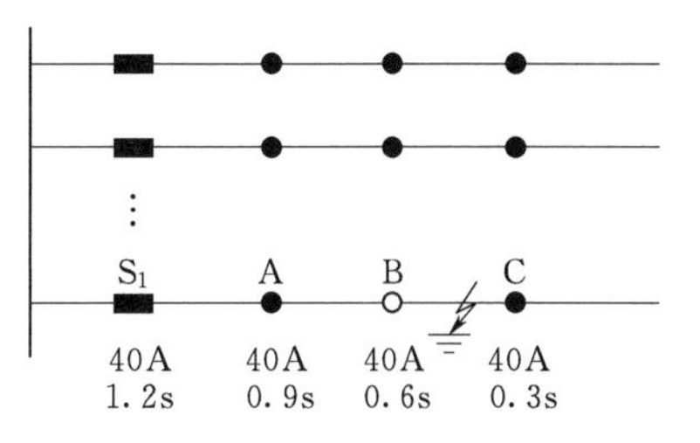

图7.1 多级定时限零序过电流保护配合，B、C间单相接地，0.6s后B跳闸

对于架空—电缆混合馈线，为了在瞬时性故障能够迅速恢复供电，可以在架空馈线段的馈入端配置自动重合闸功能，而在电缆馈线段的馈入端不配，如图7.2所示。

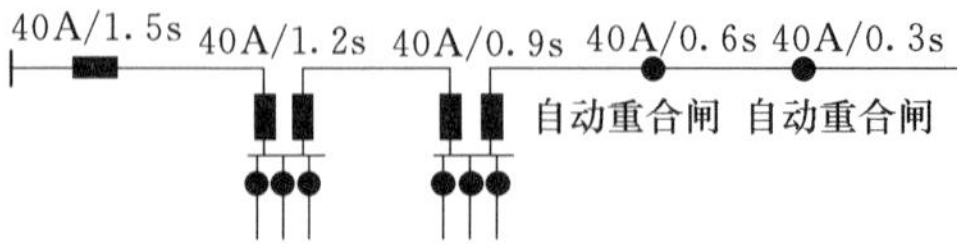

40A/1.5s 40A/1.2s 40A/0.9s 40A/0.6s 40A/0.3s

自动重合闸 自动重合闸

图 7.2　多级定时限零序过电流保护配合架空—电缆混合馈线，自动重合闸的配置

7.1.2　多联络配电线路的自动化开关配合

对于多联络配电网，为了限制短路电流，一般采用闭环设计、开环运行方式。在发生单相接地故障时，零序过电流保护只能切除了故障上游区段与故障点的联系，从而可以保障故障上游区段继续供电，但是却不能隔离故障下游区段与故障点的联系，也不能恢复故障下游区段继续供电。

为了解决上述问题，需采取以下措施：

（1）联络开关配置一侧失压自动重合闸功能，即处于分闸状态的联络开关在其一侧失压超过 Y_L-时限后自动重合闸；若一侧失压未到 Y_L-时限即恢复，则返回，保持在分闸状态不重合。

（2）变电站出线开关和馈线分段开关配置方向零序过电流保护功能，根据不同零序功率方向采用各自独立的两套延时时间定值。

联络开关 Y_L-时限可按大于其两侧馈线上发生永久性单相接地情况下配置的零序过电流保护的最长动作时间整定（即若配置有自动重合闸，需按重合失败的情形考虑）。

例如，对于如图 7.3（a）所示的环状配电网，A_4和 A_5间为架空线，其余为电缆，在 S_1和 S_2、A_4、A_5、A_8和 A_9配置了方向定时限零序过电流保护，A_4和 A_5配置了自动重合闸功能，其重合闸延时时间整定为 0.5s，以正常运行方式下由电源侧母线指向线路的方向为正方向，则 S_1和 S_2、A_4、A_5、A_8和 A_9的正向定时限零序过电流保护整定值分别为：40A/1.2s、40A/1.2s、40A/0.9s、40A/0.6s、40A0.6s、40A/0.9s，A_4、A_5、A_8和 A_9的反向定时限零序过电流保护整定值分别为：40A/0s、40A/0.3s、40A/0.3s、40A/0s。注意，变电站出线开关 S_1和 S_2可只配置正向定时限零序过电流保护而不必配置反向定时限零序过电流保护。对于联络开关，其两侧电缆部分发生永久性单相接地情况下，零序过电流保护的最长动作时间为 1.2s；其两侧架空部分发生永久性单相接地情况下，除了零序过电流保护动作最长需 0.9s 以外，还需加上自动重合闸延时时间 0.5s，总共需 1.4s，因此联络开关的 Y_L-时限可整定为 2s，如图 7.3（b）所示。

假设 A_4和 A_5间为架空线发生瞬时性单相接地故障，则 S_1和 A_4的正向定时限零序过电流保护启动，0.9s 后，A_4跳闸，并启动联络开关的 Y_L-时限计数器，如图 7.3（c）所示。

0.5s 后，A_4重合成功，联络开关的 Y_L-时限计数器返回清零，故障处理完毕，全线恢复供电，历时 1.4s，如图 7.3（d）所示。

假设 A_8和 A_9间发生永久性单相接地故障，则 S_2和 A_9的正向定时限零序过电流保护启动，0.9s 后，A_9跳闸，并启动联络开关的 Y_L-时限计数器，如图 7.3（e）所示。

2s 后，联络开关因 Y_L-时限到而合闸，因是永久性单相接地故障，S_1和 A_4、A_5、A_8的反向定时限零序过电流保护启动，0.3s 后 A_8跳闸，把永久性单相接地故障隔离在 A_8和 A_9之间，故障处理完毕，两条馈线其余部分恢复供电，历时 3.2s，如图 7.3（f）所示。

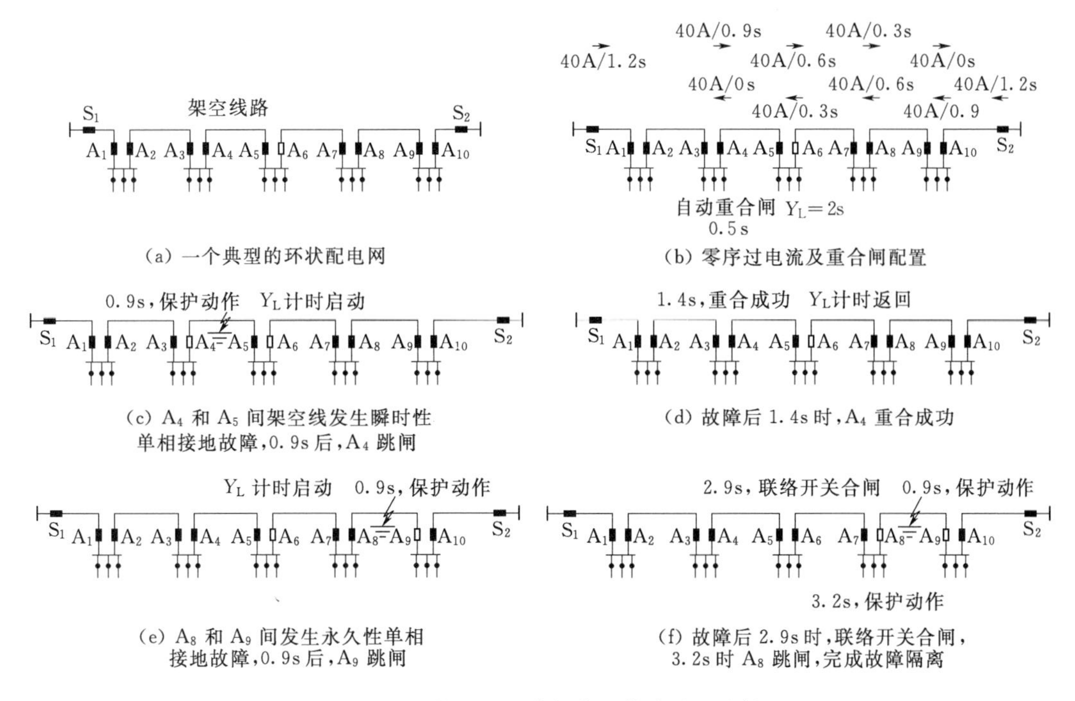

(a) 一个典型的环状配电网

(b) 零序过电流及重合闸配置

(c) A_4 和 A_5 间架空线发生瞬时性单相接地故障，0.9s后，A_4 跳闸

(d) 故障后 1.4s 时，A_4 重合成功

(e) A_8 和 A_9 间发生永久性单相接地故障，0.9s后，A_9 跳闸

(f) 故障后 2.9s 时，联络开关合闸，3.2s 时 A_8 跳闸，完成故障隔离

图 7.3 环状配电网单相接地故障处理示例

7.1.3 采用反时限过流保护提升耐过渡电阻能力

由于电流定值需按躲开本线路的对地电容电流整定，定时限零序过电流保护适应接地过渡电阻的能力不高，为了提高其灵敏度，能够在更宽范围接地过渡电阻时发挥作用，可以在自动化开关上配置反时限零序过电流保护。

反时限过电流保护的延时动作时间 t 为[1]

$$t=T\left[\frac{K}{\left(\frac{I}{I_S}\right)^{\alpha}-1}+L\right] \tag{7.1}$$

式中：K、L、α 为决定曲线特性的 IEC 常数；T 为保护动作时间调节整定值；I_S为启动电流整定值；I 为实际流过的零序电流值。

反时限过电流保护的动作特性曲线如图 7.4 所示，图 7.4 中 I_d为最小动作电流，t_d为其对应的延时时间，I_g为定时限动作电流门槛值，t_g为其对应的延时时间，当零序电流大于 I_g时，延时动作时间一律为 t_g。

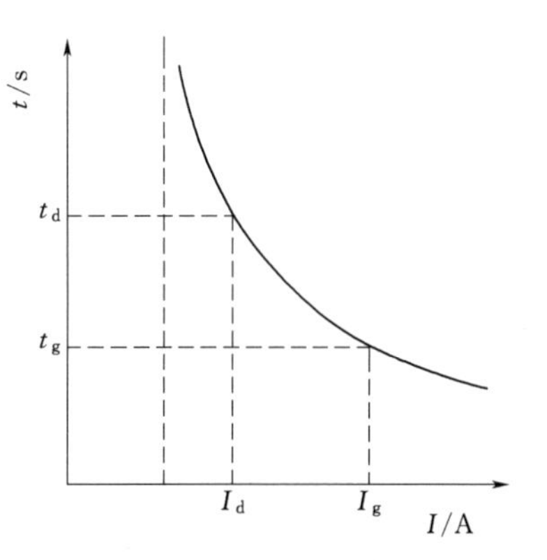

图 7.4 反时限过电流保护的动作特性曲线

为了使在高阻接地故障时的动作时限不至于过长，不宜采用非常反时限和极端反时限特性，而应采用普通反时限特性，此时，$K=0.14$，$L=0$，$\alpha=0.02$，即有

$$t=\frac{0.14T}{\left(\frac{I}{I_S}\right)^{0.02}-1} \tag{7.2}$$

反时限零序过电流保护的启动电流（$3I_0$）整定值 I_S 的整定需躲过馈线的最大不平衡零序电流（一般小于 0.5A），并考虑互感器及数据采集系统的固有误差，在此基础上可以设置小些以满足高阻接地时的动作需要。如可以将 I_S 整定为 5A，对应最小动作电流 I_d 可小于 12A，这样可在过渡电阻为 480Ω 以下时可靠启动。

反时限零序过电流保护的保护动作时间调节整定值 T 的整定需确保变电站站出线开关处发生金属性接地故障时，反时限零序过电流保护能够以延时动作时间 t_g 动作实现限时速断，可靠系数取 1.2～1.3。

当小电阻接地配电系统的中性点接地电阻为 10Ω 时，变电站站出线开关处发生金属性接地故障时的零序电流（$3I_0$）约为 577A，在可靠系数 1.3 下，定时限动作电流门槛值 I_g 为 444A，若希望此时 t_g 在 1.0s 左右，则 $T=0.671$。

这样整定下的反时限零序过电流保护动作特性为

$$t=\begin{cases}\frac{0.09388}{\left(\frac{I}{5}\right)^{0.02}-1}, & 12\text{A}\leqslant I<444\text{A}\\ 1.0\text{s}, & I\geqslant 444\text{A}\end{cases} \tag{7.3}$$

根据式（7.3）可以计算出 $I_d=12$A 时对应的 $t_d=5.31$s。若认为此延时时间太长，可以牺牲一定的高阻检测能力加以缩短。

将 I_d 调整为 15A 和 20A 时，对应的 t_d 分别为 4.23s 和 3.34s，对应的高阻检测能力分别约为 385Ω 和 287Ω。对应的反时限零序过电流保护动作分别为

$$t=\begin{cases}\frac{0.09388}{\left(\frac{I}{5}\right)^{0.02}-1}, & 15\text{A}\leqslant I<444\text{A}\\ 1.0\text{s}, & I\geqslant 444\text{A}\end{cases} \tag{7.4}$$

和

$$t=\begin{cases}\frac{0.09388}{\left(\frac{I}{5}\right)^{0.02}-1}, & 20\text{A}\leqslant I<444\text{A}\\ 1.0\text{s}, & I\geqslant 444\text{A}\end{cases} \tag{7.5}$$

7.2 中性点非有效接地配电系统的自动化开关配合方案

以重合器与电压时间型分段器配合模式为代表的自动化开关配合方案在配电网相间短路故障处理方面已经有大量的应用[2-8]，取得了良好的效果，借鉴相间短路自动化开关配合方式故障处理的技术原理，并结合中性点非有效接地配电系统的单相接地故障特征加以改造，可以在不依赖通信的条件下解决中性点非有效接地配电系统单相接地故障定位、隔离及供电恢复的问题。

7.2.1 辐射状配电线路的自动化开关配合

借鉴重合器与电压时间型分段配合方式馈线自动化系统的基本原理[2-3]，针对中性点

非有效接地配电系统单相接地故障定位和隔离的自动化开关配合方案具体如下：

（1）变电站出线重合器配置单相接地选线跳闸功能以及两次自动重合闸功能，第 1 次选线跳闸延时时间一般可整定为 15～30s，第 1 次重合闸延时时间为 15s；第 2 次选线跳闸延时时间一般可整定为 2s，第 2 次重合闸延时时间为 5s。

（2）馈线分段开关可以采用标准的电压—时间型分段器、设置在第Ⅰ套功能：失压分闸功能；一侧带电后延时 X -时限合闸功能（X -时限通常可整定为 7s）；合闸后在 Y -时限内（Y -时限通常可整定为 5s）再次失压则闭锁在分闸状态功能。

例如，对于图 7.5（a）所示的配电网，A 为具有单相接地选线跳闸功能的重合器，第 1 次选线跳闸延时时间整定为 20s，第 1 次重合闸延时时间为 15s；第 2 次选线跳闸延时时间整定为 2s，第 2 次重合闸延时时间为 5s；B、C、D、E 为标准的电压时间型分段器、设置在第Ⅰ套功能，B、C 和 E 的 X -时限为 7s，D 的 X -时限为 14s，所有开关的 Y -时限均整定为 5s。

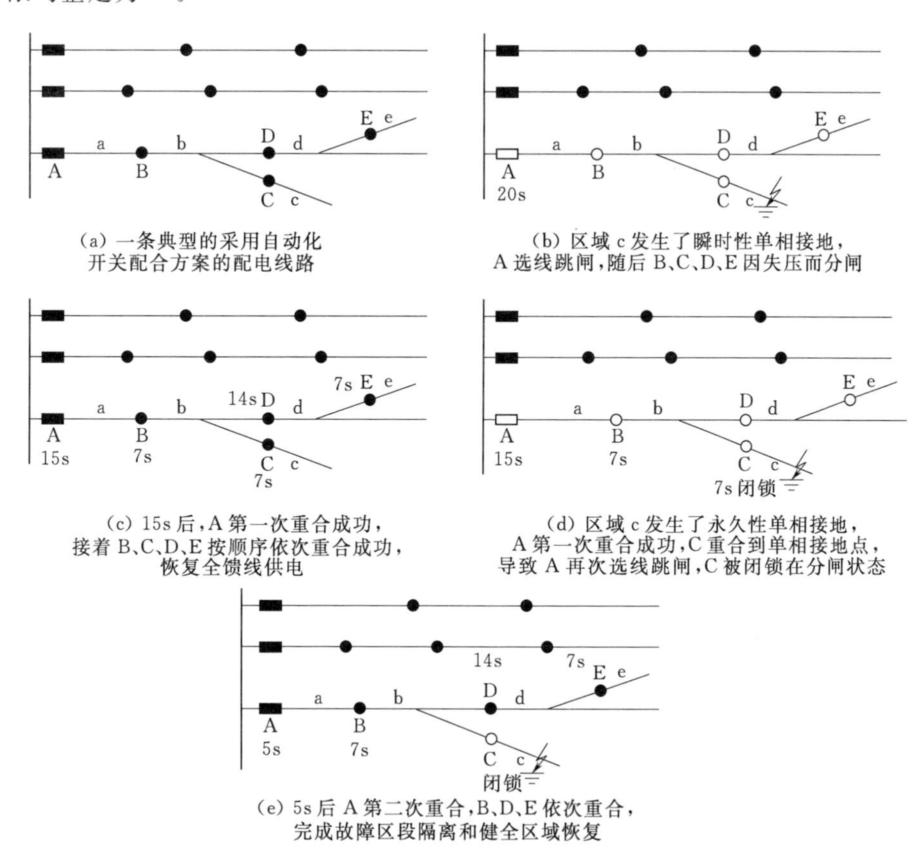

图 7.5　辐射状配电线路的自动化开关配合示例

若区域 c 发生了瞬时性单相接地，则 A 在检测到单相接地以后延时 20s 选线跳闸，导致馈线失压，如图 7.5（b）所示，随后 B、C、D、E 因失压而分闸，瞬时性接地也随着故障点电弧熄灭而自动消失，15s 后，A 第一次重合成功，接着 B、C、D、E 按顺序依次重合成功，恢复全馈线供电，如图 7.5（c）所示。

若区域c发生了永久性单相接地，则A在检测到单相接地以后延时20s选线跳闸，导致馈线失压，随后B、C、D、E因失压而分闸；15s后A第一次重合把电送到B；再过7s后B重合把电送到C和D，再过7s后C重合到单相接地点，A延时2s再次选线跳闸，随后B、C因失压而再次分闸，由于C合闸后未达到Y-时限又失压分闸，则其闭锁在分闸状态，如图7.5（d）所示；再过5s后A第二次重合把电送到B；再过7s后B重合把电送到C和D，再过14s后D重合把电送到E，再过7s后E重合恢复e区域供电；这样单相接地区域c得以隔离，其余区域都恢复了供电，如图7.5（e）所示。

上述改进原理的关键在于重合器的单相接地选线跳闸功能，近几年来在单相接地选线领域已经取得了质的飞跃，技术已趋于成熟，包括基于暂态分量参数识别法、基于暂态分量相电流突变法、首半波法、S注入法、中电阻法、残流增量法等单相接地选线技术已经能够比较可靠地实现单相接地选线，从而可以保证重合器的单相接地选线跳闸功能的可靠性。国家电网公司在2017年最新修订的国家电网公司企业标准《配电网技术导则（修订版)》（Q/GDW 10370—2016）中也已明确中性点不接地或经消弧线圈接地系统发生单相接地以后，线路开关宜在延时一段时间后动作于跳闸，以躲过瞬时接地故障，从而使得在重合器增加单相接地选线跳闸功能在实际操作层面也具有了依据。

基于上述原理，当发生永久性单相接地故障后，将对单相接地区域进行隔离而停止供电，与在发生单相接地故障后可继续供电一段时间（如2h）的认识不同，早隔离可以有效避免因威胁另外两相对地绝缘而可能导致的异地两相短路接地故障的发生。但是持续时间很短的瞬时性单相接地经常发生，为了避免因此导致的频繁跳闸，选线跳闸需经过足够长的延时时间才可进行，比如检测到单相接地持续时间超过20s才跳闸，但当第一次重合后若再次合到单相接地点，则该跳闸延时时间应缩短至明显短于Y-时限，如2s。

7.2.2 多联络配电线路的自动化开关配合

对于多联络配电线路，为了恢复故障位置下游的健全区段供电，作为联络开关的电压时间型分段器通常会设置在第Ⅱ套功能，即在其一侧失压延时X_L-时限后，若仍保持一侧失压则自动合闸功能，并且为了不引起对侧健全馈线短暂停电，还会引入“残压闭锁”机理[9]，即处于分闸状态的分段器或联络开关，若检测到其任何一侧电压由无压升高到超过最低残压整定值，并在持续一定的时间（大于150ms）后消失，该分段器或联络开关将闭锁于分闸状态，上述联络开关功能设置和“残压闭锁”机理在单相接地故障处理中仍然适用。

例如，对于图7.6（a）所示的典型“手拉手”配电线路，A为具有选线跳闸功能的重合器，第一次重合延时时间为15s，第二次重合时间延时为5s。分段开关B、C和D等采用电压-时间型分段器并且设置在第Ⅰ套功能，它们的X-时限均整定为7s，Y-时限均整定为5s；联络开关E亦采用电压—时间型分段器，但设置在第Ⅱ套功能，其X_L-时限整定为90s，Y_L-时限整定为5s。所有分段开关、联络开关均采用了“残压闭锁”机理。

假设在区域c发生永久性单相接地后，重合器A选线跳闸，随后B、C、D因失压而分闸；15s后A第一次重合把电送到B；再过7s后B重合把电送到C，再过7s后C重合到单相接地点，A再次选线跳闸，随后B、C因失压而再次分闸，由于C合闸后未达到

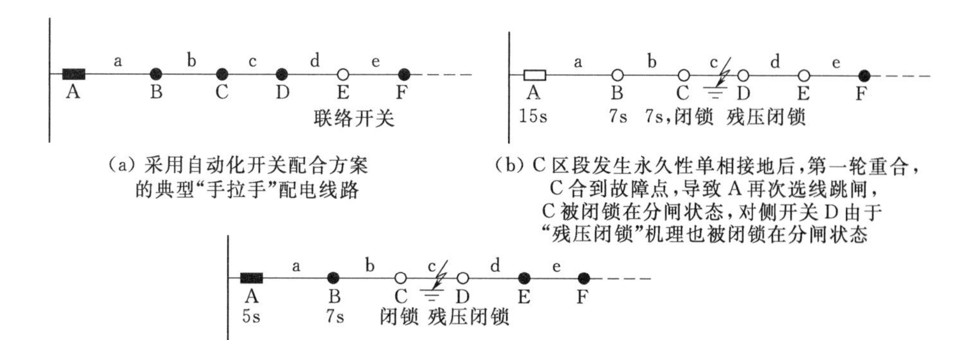

(a) 采用自动化开关配合方案的典型“手拉手”配电线路

(b) C区段发生永久性单相接地后，第一轮重合，C合到故障点，导致A再次选线跳闸，C被闭锁在分闸状态，对侧开关D由于“残压闭锁”机理也被闭锁在分闸状态

(c) 5s后A第二轮重合，之后B自动合闸，90s时联络开关自动合闸，完成故障区段隔离和健全区段转供

图 7.6 “手拉手”配电线路的自动化开关配合示例

Y -时限，则其闭锁在分闸状态，D由于“残压闭锁”机理也被闭锁在分闸状态，如图7.6（b)所示。重合器A再次跳闸后又经过5s进行第二次重合，随后分段器B自动合闸，而分段器C因闭锁保持分闸状态，重合器A第二次跳闸后，经过90s的 X_L -时限后，联络开关E自动合闸，将电供至d区段，D由于“残压闭锁”不重合，故障下游健全区段转供完成，如图7.6（c）所示，故障处理过程结束，不会引起对侧健全线路短暂停电。

7.2.3 基于智能配电开关的改进自动化开关配合方案

随着配电设备一二次融合的不断推进，智能配电开关一般均集成有零序电压互感器在内，通过引入零序电压判据可以得到另一种自动化开关配合单相接地故障处理方案，具体如下：

（1）重合器仍配置单相接地选线跳闸功能，以及一次重合闸功能，选线跳闸延时时间可整定为15～30s，重合闸延时时间为15s。

（2）分段器配置：失压分闸功能；一侧带电后延时X -时限合闸功能；合闸后在Y -时限内检测到零序电压越限跳闸并闭锁在分闸状态功能。

（3）联络开关配置：一侧失压后延时 X_L -时限合闸功能；合闸后在Y -时限内检测到零序电压越限跳闸并闭锁在分闸状态功能。

仍以图7.6（a）所示的“手拉手”配电线路为例加以说明，A为具有选线跳闸功能的重合器（为了躲过瞬时性单相接地，跳闸延时时间整定为20s)，仅配置一次重合闸功能，重合延时时间为15s，分段开关B、C和D采用改进配置，它们的X -时限均整定为7s，Y -时限均整定为5s；联络开关E亦采用改进型配置，其 X_L -时限整定为45s，Y_L -时限整定为5s。

假设在区域c发生永久性故障后，重合器A选线跳闸，随后B、C、D因失压而分闸，如图7.7（a）所示；15s后A第一次重合把电送到B，7s后B因X -时限到合闸将电送到C，且B合闸后在Y -时限内未检测到零序电压，又过7s后C因X -时限到合闸，由于合到故障点，C满足在合闸后Y -时限内检测到零序电压条件而跳闸并闭锁在分闸状态，重合器A选线跳闸功能因延时时间未到，不跳闸，如图7.7（b）所示；重合器A选线跳闸后，经过 45s 的 X_L -时限后，联络开关 E 自动合闸，又过 7s 后 D 因 X -时限到合闸，由于合到故障点，D 满足在合闸后 Y -时限内检测到零序电压条件而跳闸，并闭锁在分闸状态，对侧线路重合器选线跳闸功能因延时时间未到，不跳闸，故障处理过程结束，如图 7.7（c）所示。

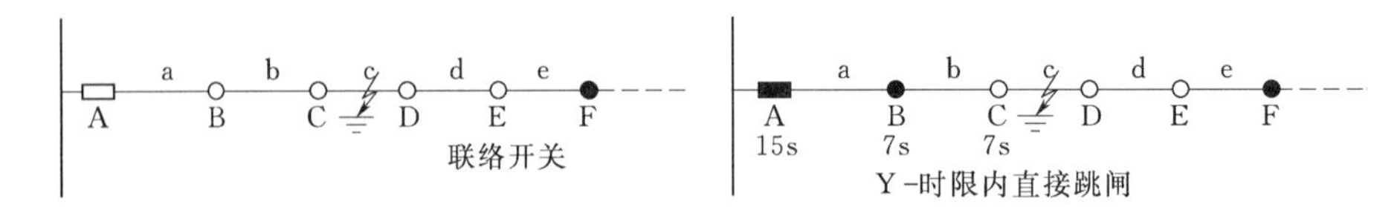

(a) C 区段发生永久性单相接地后，重合器 A 选线跳闸，之后 B、C、D 失压分闸

(b) 15s 后 A 第一次重合，之后 B、C 依次重合，C 满足在合闸后 Y -时限内检测到零序电压条件而跳闸并闭锁在分闸状态

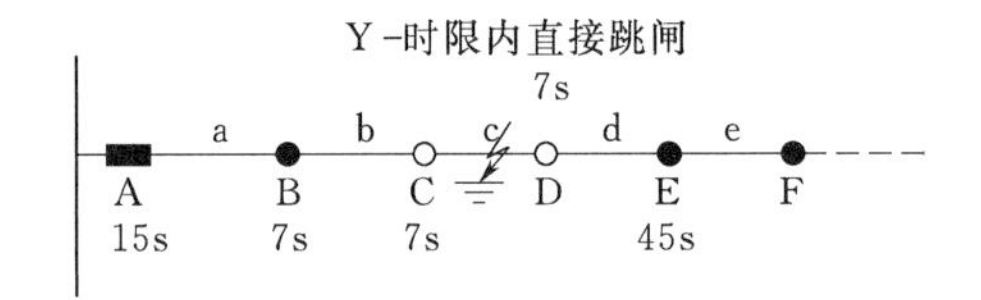

(c) 45s 后，联络开关 E 自动合闸，之后 D 重合，D 满足在合闸后 Y -时限内检测到零序电压条件而跳闸并闭锁在分闸状态，完成故障区段隔离和健全区段转供

图 7.7　引入零序电压后改进自动化开关协调控制的单相接地故障处理

上述引入零序电压后的改进型自动化开关配合单相接地故障处理方案，相对于之前的方案，所带来的优点主要包括以下方面：

（1）首端重合器仅需一次重合即可实现故障点上游区段隔离，故障处理时间显著缩短。

（2）无需“残压闭锁”，故障点下游健全区段转供过程中不会引起对侧健全线路短暂停电，而实际应用中，由于残压闭锁存在死区，导致闭锁不成功的情形时有发生。

但是需要指出的是，对于引入零序电压判据的改进自动化开关配合方案，故障处理过程中，在分段开关合闸后的 Y -时限内，若在同一变电站所带其他线路上再次发生单相接地故障而引起零序电压越限，则有可能导致分段开关的误闭锁，但这个概率很小。

在线路沿线分段开关均采用智能配电开关的前提下，配电系统发生单相接地时的零序电压和零序电流、相电压和相电流信息均可以有效采集，可以方便地在智能配电开关内部实现一些高性能、具有本地判断功能的单相接地故障检测算法（例如基于暂态量的参数识别法、相电流突变法、首半波法等），也即智能配电开关可以自行判断其“下游是否有单相接地故障”，可以进一步将引入零序电压判据的自动化开关配合方案中的“分段器合闸后在 Y -时限内检测到零序电压越限跳闸功能”改进为“分段器合闸后在 Y -时限内检测到其下游有单相接地故障跳闸功能”，则不仅可以不依赖残压闭锁、仅需一次重合即可隔离故障区段，同时也不会出现故障处理过程中由于同一变电站所带其他线路上再次发生单相接地而引起零序电压越限导致的分段开关误闭锁问题。

7.3 本 章 小 结

(1) 对于小电阻接地配电系统，为了实现单相接地故障的选择性切除，一般可以采用三段式零序过电流保护或定时限零序过电流保护，并且为了在瞬时性故障能够迅速恢复供电，对于架空—电缆混合馈线，可以在架空馈线段的馈入端配置自动重合闸功能。

(2) 对于闭环设计、开环运行的多联络小电阻接地配电网，为了隔离故障下游区段与故障点的联系，并恢复故障下游区段继续供电，可以在联络开关配置一侧失压自动重合闸功能，并在馈线分段开关配置零序方向过电流保护功能，根据不同零序功率方向采用各自独立的两套延时时间定值。

(3) 定时限零序过电流保护应用于小电阻接地配电系统单相接地故障定位、隔离时，存在着适应接地过渡电阻能力不高的问题，为了能够在更宽范围接地过渡电阻时发挥作用，可以采用反时限零序过电流保护。

(4) 借鉴重合器与电压—时间型分段器配合馈线自动化系统的技术原理，馈线分段开关和联络开关采用标准的电压—时间型分段器，而仅仅在重合器中增加单相接地选线跳闸功能，就可以解决中性点非有效接地配电系统的单相接地障定位、隔离与转供问题。

(5) 通过引入"Y-时限内检测到零序电压越限跳闸"机制，或"Y-时限内检测到下游有单相接地故障跳闸"机制的改进型自动化开关配合方案，可以进一步提升中性点非有效接地配电系统的单相接地故障处理性能。

本 章 参 考 文 献

[1] IEC 60255-151-2009 测量继电器和保护设备. 第151部分：过/欠电流保护的功能要求 [S].
[2] 陈勇，海涛. 电压型馈线自动化系统 [J]. 电网技术，1999，23 (7)：31-33.
[3] 刘健，张伟，程红丽. 重合器与电压—时间型分段器配合的馈线自动化系统的参数整定 [J]. 电网技术，2006，30 (16)：45-49.
[4] 刘健，崔建中，顾海勇. 一组适合于农网的新颖馈线自动化方案 [J]. 电力系统自动化. 2005，29 (11)：82-86.
[5] 程红丽，张伟，刘健. 合闸速断模式馈线自动化的改进与整定 [J]. 电力系统自动化，2006，30 (15)：35-39.
[6] 刘健，贠保记，崔琪，等. 一种快速自愈的分布智能馈线自动化系统 [J]. 电力系统自动化，2010，34 (10)：82-86.
[7] 刘健，赵树仁，贠保记，等. 分布智能型馈线自动化系统快速自愈技术及可靠性保障措施 [J]. 电力系统自动化，2011，35 (17)：67-71.
[8] 张波，吕军，宁昕，等. 就地型馈线自动化差异化应用模式 [J]. 供用电，2017，34 (10)：48-53+13.
[9] 刘健，董新洲，陈星莺，等. 配电网故障定位与供电恢复 [M]. 北京：中国电力出版社，2012.

第8章 智能接地配电系统

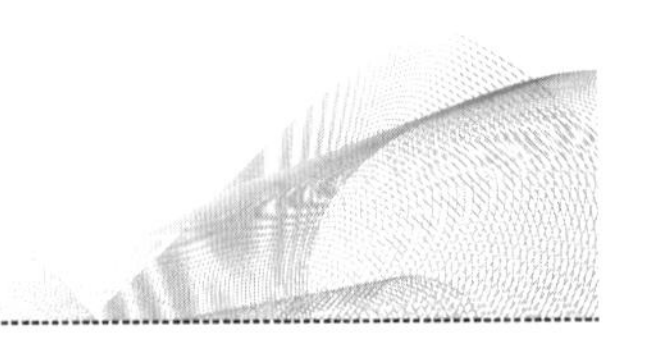

采用中性点非有效接地方式是我国配电网的明智选择，大大降低了跳闸率，且大部分为瞬时性单相接地，提高了供电可靠性。但是中性点非有效接地方式也显著增大了单相接地选线和定位的难度。

本书前面章节论述了单相接地选线和定位的各种方法，但是选线和定位并非单相接地故障处理的全部内容。

大多数单相接地伴随着电弧，若能及时可靠地熄灭电弧，则大部分单相接地故障都可停留在瞬时性故障的阶段，在熄弧后故障现象即可消失，配电系统也即“自愈”了；若电弧持续燃烧，容易造成事故扩大化、引发火灾和电缆沟“火烧连营”等灾难性后果，尤其是对于间歇性弧光接地，容易引起严重的过电压和引发两相短路接地故障。

消弧线圈是一种常用的熄弧装备，但是它仅仅补偿工频电容电流，而实际通过接地点的电流中包含大量的高频电流及阻性电流，即使把故障点电流补偿到满足国标要求的5A以下，仍可能维持电弧的持续燃烧。

本章论述一种通过在变电站配置智能接地装置并在馈线配置具有零序保护功能的配电终端和故障指示器，将配电网升级为智能接地配电系统的方法。发生单相接地时，智能接地装置可以迅速将故障相短暂金属性接地从而可靠熄灭电弧，若为永久性接地故障，随后控制中性点短暂投入中电阻以显著增大接地点上游的零序电流并基于配电终端和故障指示器处配置的零序电流保护可靠地实现单相接地选线、定位和隔离。

8.1 基本原理

8.1.1 组成与工作过程

智能接地配电系统是在中性点非有效接地配电系统中，通过在变电站配置智能接地装置、在馈线配置具有零序保护功能的配电终端和故障指示器实现的。

该智能接地装置根据需要控制将接地相经开关直接短暂接地以可靠熄灭故障点电弧，以及控制将配电系统中性点经中电阻短暂接地以方便馈线上的零序电流保护进行单相接地故障选线、定位和隔离。

智能接地装置的组成如图8.1所示，其由下列主要元件构成：接地软开关（由开关S_1和S_2、电阻R构成），接地变压器JDB，随调式脉冲消弧线圈XHXQ，中电阻R_z及其投切单相接触器S，电压互感器TV及其熔断器，主控制器，接入断路器QF等。其中，接地变为可选配置，若站内已有接地变则可直接利用而不必在智能接地装置中冗余配置；

脉冲消弧线圈也为可选配置，可以直接利用变电站内的消弧线圈，但是若选配该脉冲消弧线圈，则对消除接地切换过程中的暂态过程抑制更加有利。接入断路器QF亦为选配，也可利用变电站出线断路器构成，用于当智能接地装置内部故障时快速切除智能接地装置。

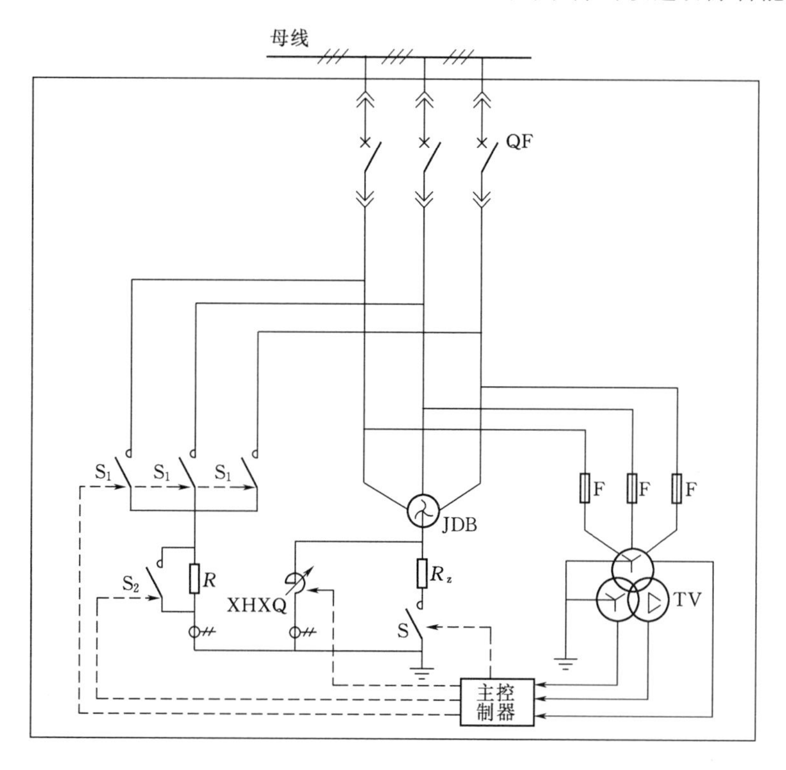

图8.1　智能接地装置的组成

实际应用中，智能接地柜宜部署在变电站内，每段10kV母线宜配置一台智能接地装置，也可以在配网系统中的其他可接入点配置。

智能接地装置的控制逻辑如图8.2所示。

当检测到零序电压超过阈值，则表明智能接地装置覆盖的零序系统范围内发生了单相接地。

为了尽快熄灭电弧以避免危害升级，智能接地装置迅速判断出接地故障相，并控制故障相接地软开关经软导通过程将故障相金属性接地，从而可靠熄灭电弧。

经短暂延时 t_1（t_1 一般可设置为1～3s）后，智能接地装置控制故障相接地软开关经软开断过程而断开，并判断零序电压是否超过阈值，若否则表明这是一次瞬时性单相接地，已经处理完毕可以恢复正常运行；若是则表明这是一次永久性单相接地，进行后续处理。

对于永久性单相接地的情形，智能接地装置控制中性点投入中电阻（除故障点过渡阻抗外，接地变和中电阻构成的阻抗一般应小于20Ω）以显著增大接地点上游的零序电流，此时基于变电站出线断路器和馈线分段开关处FTU、DTU、故障指示器的常规零序保护功能就能可靠地实现单相接地选线、定位和隔离。随后，智能接地装置控制中性点投入的中电阻退出。

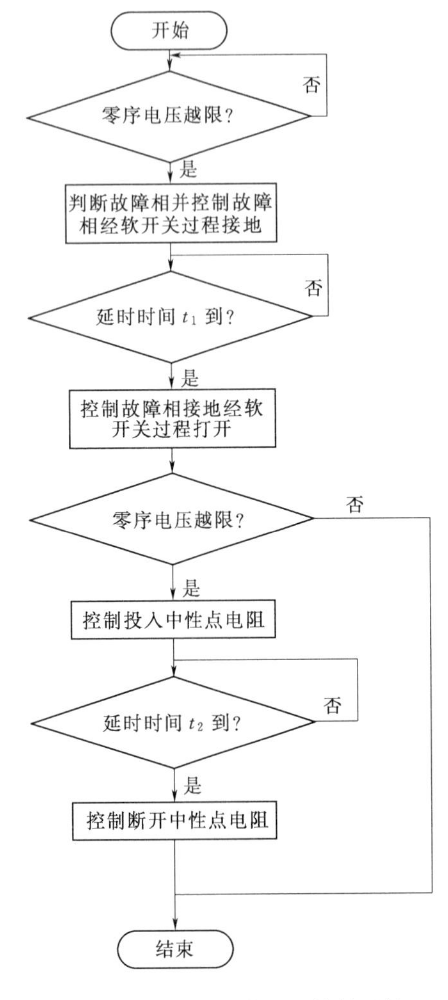

图 8.2 智能接地装置的控制逻辑

8.1.2 关键技术问题

1. “软开关”技术

X 相接地软开关的组成如图 8.3 所示。其中，S_1、S_2 为开关，R 为过渡电阻（一般可取 100～140Ω）。

当需要将 X 相金属性接地时，先控制合开关 S_1，将该相过渡到经电阻 R 接地，然后再控制合开关 S_2，实现 X 相金属性接地。上述过程称为“软导通”。

当需要断开 X 相金属性接地时，先控制分开关 S_2，将该相过渡到经电阻 R 接地，然后再控制分开关 S_1，实现相与地彻底断开。上述过程称为“软开断”。

2. 单相接地选相错误的防护及校正

智能接地装置在将故障相金属性接地时，若单相接地选相错误，将导致相间短路接地。

接地故障相的软导通控制是实现选相错误防护及校正的有效手段。

以将 B 相单相接地误选为 A 相单相接地为例，当控制智能接地装置 A 相软导通接地时，先控制 A 相的开关 S_1 合闸，将该相过渡到经电阻 R 接地，此时由于实际接地相为 B 相，会导致 A、B 两相经电阻 R 相间短路接地，由于 R 的限流作用，短路电流既不造成危害（最大一般不超过 100A），又足以被可靠检测出，当控制器检测到在 A 相的开关 S_1 合闸导致发生相间短路接地后立即将 A 相的 S_1 打开，有效实现选错相时的安全防护。只有当 S_1 合闸后未检测到相间短路接地特征时才执行下一步控制合 A 相的开关 S_2，最终实现 A 相金属性接地。

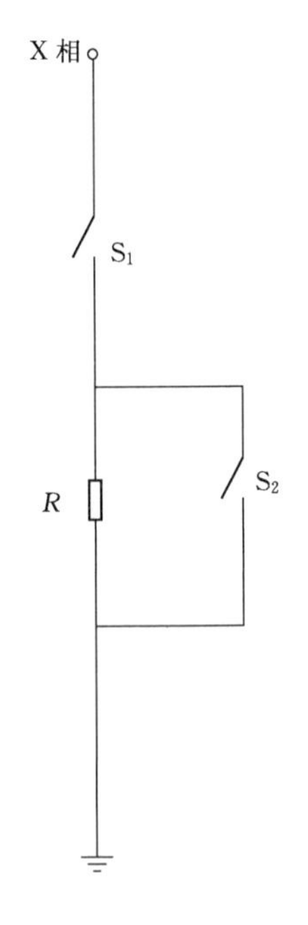

图 8.3 X 相接地软开关的组成

若控制 A 相 S_1 合闸后检测到“合错相”，在立即将 A 相的 S_1 打开后，可继续尝试将其他相别的 S_1 合闸，重复上述过程，最终正确地将接地相金属性接地。

3. 接地相切换中暂态过程的抑制

（1）接地开关闭合时的高频放电电流的抑制。智能接地装置在判断出单相接地相后，若控制接地相开关直接接地（即硬开关），在接地开关合闸过程中可能出现高频电流，给配电系统带来暂态冲击并对二次设备造成干扰，硬开关闭合时流过接地开关的高频放电电流如图 8.4（a）所示；采用图 8.3 所描述的软开关技术后，软开关闭合时流过接地开关 S_1 的高频放电电流如图 8.4（b）所示，可见采用的软开关技术能有效抑制高频放电电流。

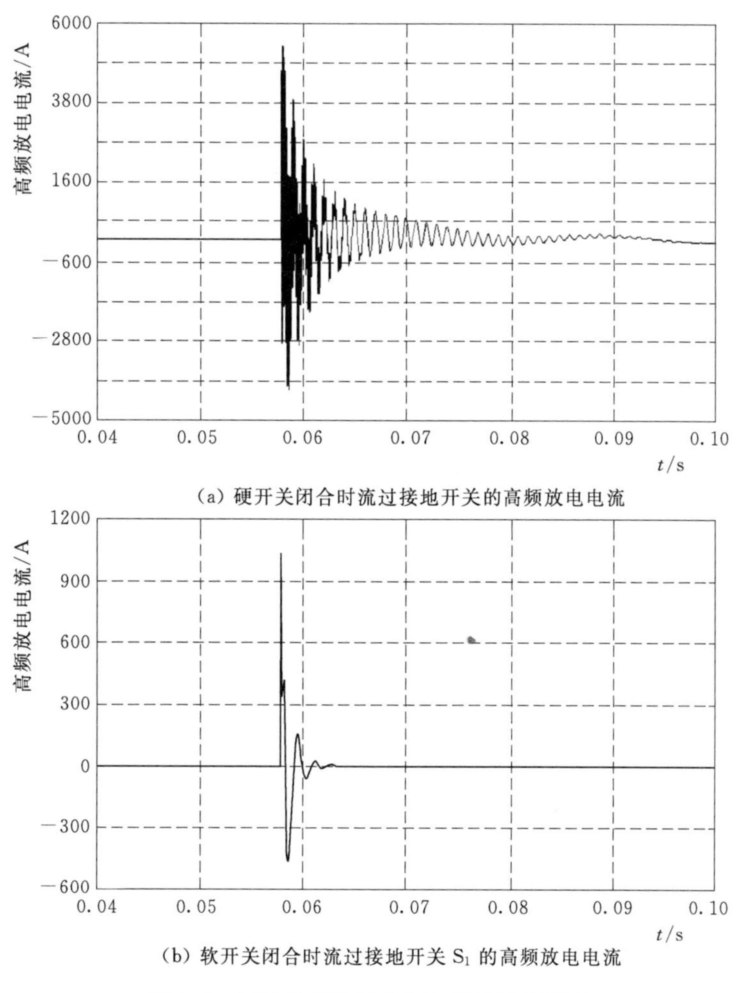

(a) 硬开关闭合时流过接地开关的高频放电电流

(b) 软开关闭合时流过接地开关 S_1 的高频放电电流

图 8.4　硬开关和软开关接地时的暂态过程

（2）接地开关打开时中性点电压暂态过程的抑制。对于中性点不接地的配电系统，智能接地装置在将故障相金属接地后再打开时，若控制接地相开关从金属性接地直接断开（即硬关断），则可能产生系统中性点低频振荡，造成健全相过电压和在 TV 一次绕组上产生低频涌流，损害 TV 保护熔断器或破坏 TV 一次绕组。

采用图 8.3 所描述的软开关技术与中性点中电阻投入动作时序配合，在软开关动作前，先将中性点中电阻投入，再进行接地软开关断开操作，接地软开关断开时，先控制分开关 S_2，将该相过渡到经电阻 R 接地，然后再控制分开关 S_1，实现相与地彻底断开，则能有效抑制暂态过程。

8.1.3　永久性单相接地故障处理过程示例

对于图 8.5 所示的配电网，虚线内为智能接地装置，变电站和馈线分段处均配置了具

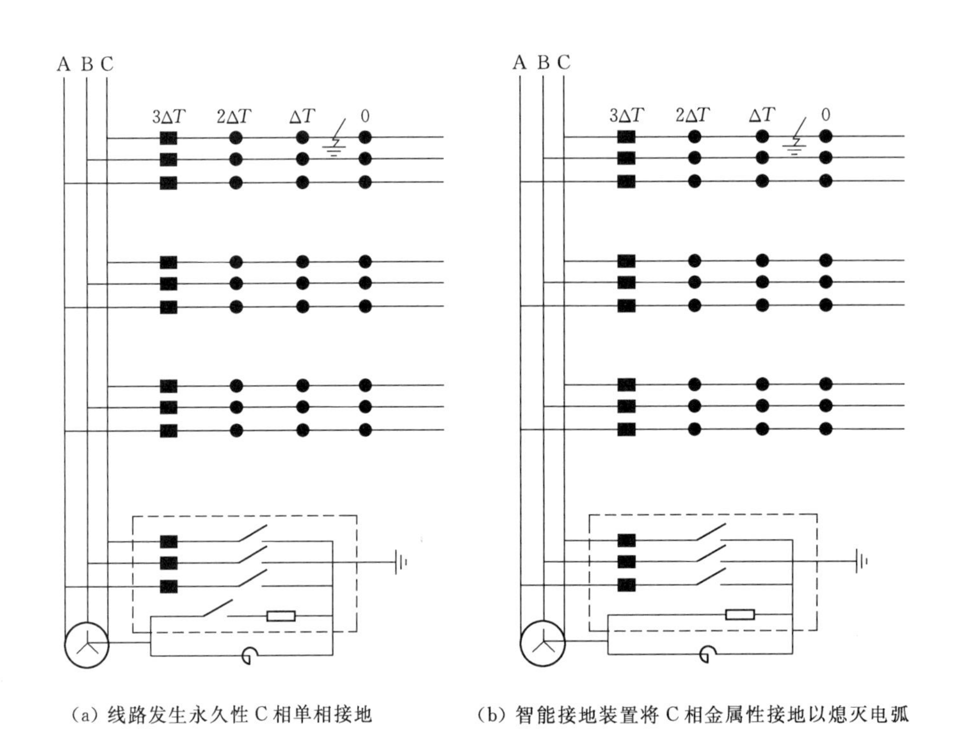

(a) 线路发生永久性C相单相接地

(b) 智能接地装置将C相金属性接地以熄灭电弧

(c) 智能接地装置断开C相金属性接地，故障未消失，则投入中性点中电阻

(d) 单相接地位置上游最近的零序保护动作跳闸切除故障

图8.5　智能接地配电系统永久性单相接地的处理过程

有零序保护功能的智能配电终端，从馈线末端（分支）到母线方向其延时时间分别为0s、ΔT、$2\Delta T$ 和 $3\Delta T$。假设如图 8.5（a）发生永久性 C 相单相接地，智能接地装置首先将 C 相经软导通金属性接地以熄灭电弧，如图 8.5（b）所示。延时一段时间后，经软开断断开 C 相金属性接地，因是永久性故障电弧复燃，智能接地装置在中性点投入中电阻倍增零序电流，单相接地位置上游的零序保护全部启动，如图 8.5（c）所示。ΔT 后上游距离接地位置最近的零序保护动作跳闸，上游其余零序保护返回，随后中性点投入的中电阻退出，如图 8.5（d）所示。

8.2 理论分析和参数设计

智能接地装置中，软开关的中间电阻 R 的参数设计，主要取决于抑制接地开关合分闸暂态过程以及单相接地选相错误的容错和纠错的需要。本节在对软开关合分闸暂态过程进行理论分析的基础上，探讨中间电阻 R 的参数设计问题。

8.2.1 面向抑制故障相接地暂态过程的阻值选取分析

在智能接地装置判断出配电系统发生了单相接地故障之后，如果将故障相直接接地，即采用硬开关的模式，在接地开关合闸过程中将可能产生较大的高频暂态电流，严重时会造成继电保护误动。该高频暂态电流与实际单相接地故障点的过渡电阻有关，单相接地过渡电阻越大，接地开关合闸引起的暂态过程越强烈，流过接地装置的高频电流也就可能越大。

因此，考虑极端场景，在分析接地软开关中间电阻 R 与合闸高频暂态电流的关系时，假定线路上实际单相接地点的过渡电阻为无穷大，等效电路如图 8.6 所示，U_0 为等效零序电压源；L_0 和 R_0 分别为零序回路等值电感和等值电阻；C_0 为各条馈线的对地电容之和；$3L$ 和 $3R_L$ 分别为消弧线圈的零序等值电感和等值电阻[6]。

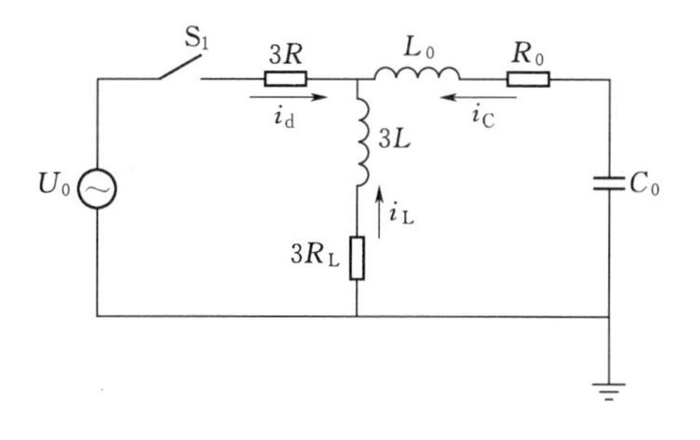

图 8.6　故障等值回路

由于消弧线圈回路电感电流不会突变，S_1 合闸时的高频暂态电流主要由电容电流决定。可以得接地开关合闸瞬间流过的高频暂态电流为

$$i_d \approx i_C = i_{Cm}\left(\frac{\omega_f}{\omega}\sin\varphi\sin\omega_f t - \cos\varphi\cos\omega_f t\right)e^{-\frac{1}{\tau_C}} \tag{8.1}$$

其中

$$\tau_C = 2L_0/R_0'$$

$$\omega_f = \sqrt{\frac{1}{L_0 C_0} - \left(\frac{R_0'}{2L_0}\right)^2}$$

$$R_0' = R_0 + 3R$$

式中：i_{Cm} 为流过接地开关稳态电容电流幅值；ω 为系统频率；φ 为接地开关合闸初始角度；τ_C 为时间常数；ω_f 为高频暂态电流的角频率。

由式（8.1）可以看出，在 φ 为 90°时，合闸暂态电流有最大值，幅值为 $i_{Cm}\frac{\omega_f}{\omega}$，即当暂态电流的角频率较高时，理论上存在产生较大的合闸高频暂态电流的可能。

在实验室构建了如图 8.7 所示的 10kV 配电网试验系统，通过升压变压器将 400V 升至 10kV，10kV 中性点不接地，采用两台集中参数柜模拟代替一条实际线路的两个分段，等效电容柜模拟母线所带其余线路的对地电容。每台集中参数柜按 5km YJV－240 电缆参数配置：$L_1=1.6\times10^{-3}$H、$R_1=0.5\Omega$、$C_1=1.5\mu$F，等效电容柜 $C_d=4.5\mu$F。单相接地试验点在两台集中参数柜中间。理论计算在该试验点接地开关合闸最大高频暂态电流频率约为 10000Hz，幅值约为 3000A。

在如图 8.7 所示的 10kV 配电网试验系统上开展接地开关硬导通试验对理论分析进行验证，在试验中确实曾观测到比较明显的合闸高频暂态电流。图 8.8 所示为上述配网试验系统在实际某次接地开关硬导通试验下的实测高频暂态电流波形，暂态电流幅值为 2180A，暂态电流频率约为 8×10^3Hz，与理论分析基本相符，证明理论分析的较大合闸高频暂态电流确实存在。

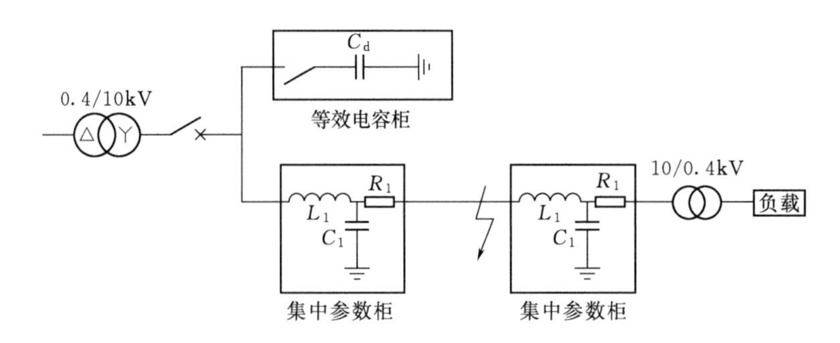

图 8.7　10kV 配电网试验系统结构图

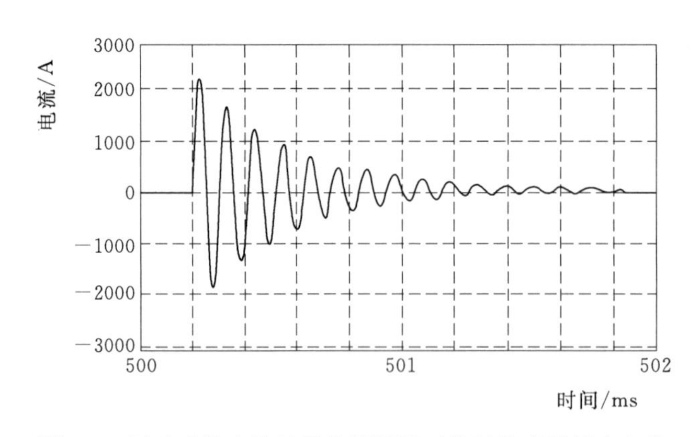

图 8.8　试验系统在接地开关硬导通时流过的高频暂态电流

8.2.2　接地开关合闸瞬间暂态过程抑制

根据 8.2.1 节的分析，当接地开关采取硬开关时，$\omega_f=\sqrt{\frac{1}{L_0C_0}-\left(\frac{R_0}{2L_0}\right)^2}$ 最大，暂态

电流幅值 $i_{Cm}\frac{\omega_f}{\omega}$ 也最大。接地开关采取软开关，随着中间电阻 R 的增大，ω_f 逐渐降低，暂态电流幅值 $i_{Cm}\frac{\omega_f}{\omega}$ 也逐渐降低，从而达到抑制高频暂态过程的效果。

不同系统电容电流水平下，接地开关 S_1 合闸瞬间引起的高频暂态电流幅值与中间电阻 R 的关系曲线如图 8.9 中实线所示。由图 8.9 可见，合闸高频暂态电流幅值随中间电阻增大而单调降低，但是存在一个拐点，该拐点之后高频暂态电流幅值随中间电阻增大而降低的变化率逐渐减小趋于平坦。

接地软开关的第二步 S_2 合闸旁路中间电阻 R 的瞬间同样会引起高频暂态过程，其机理与 8.2.1 节的分析类似，不再赘述。

不同系统电容电流水平下，接地开关 S_2 合闸瞬间引起的高频暂态电流幅值与中间电阻 R 的关系曲线如图 8.9 中虚线所示。由图 8.9 可见，合闸高频暂态电流幅值随中间电阻增大而单调增大，但是存在一个拐点，该拐点之后高频暂态电流幅值随中间电阻增大而增大的变化率逐渐减小趋于平坦。

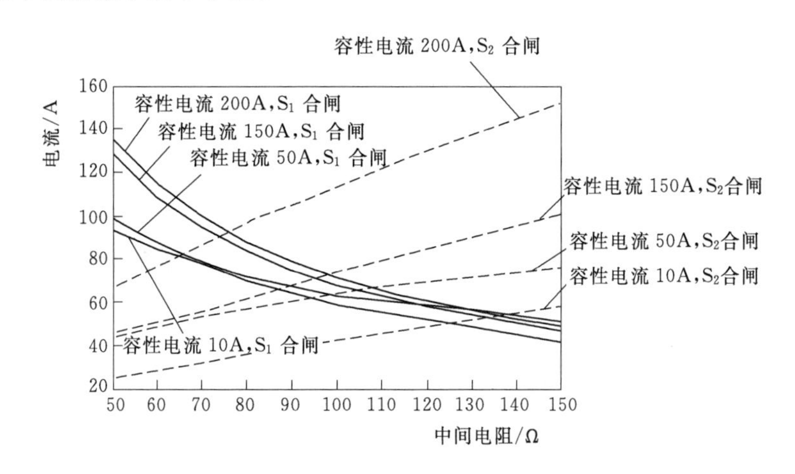

图 8.9　中间电阻 R 与接地软开关过程引起的高频暂态电流幅值的关系曲线

由图 8.9 可见，接地开关 S_1 合闸和 S_2 合闸瞬间引起的高频暂态电流幅值与中间电阻 R 的关系曲线存在一个交叉区域（75～140Ω），该区域内两个暂态过程的高频暂态电流幅值都比较低，R 的取值应设计在这个区域之内。

8.2.3　面向单相接地选相容错和纠错的阻值选取分析

如果发生选相错误，例如在 A 相发生接地故障时，如装置误选为 B 相，在 B 相 S_1 合闸时将会导致 A 和 B 两相经中间电阻 R 短路接地，由于中间电阻 R 的限流作用对系统影响不大，但足以检测出合错相，系统可将 B 相 S_1 打开后，改而试探其他相，直至正确为止。

在合错相的短暂过程中，接地软开关中间电阻 R 上会流过一定的功率，并且该功率在接地过渡电阻为 0（即金属性单相接地）的最不利场景时最大，此时接地开关中间电阻 R 与其发热功率的关系曲线如图 8.10 所示，这也是设计 R 的阻值的参考因素之一。

可见，曲线在 50Ω 左右处存在一个拐点，中间电阻小于 50Ω 时，发热功率随着中间电阻的增大而急剧降低；大于 50Ω 时，发热功率随着中间电阻的增大而缓慢降低。

因此，为减少中间电阻发热功率，接地开关的中间电阻值宜大于 50Ω。

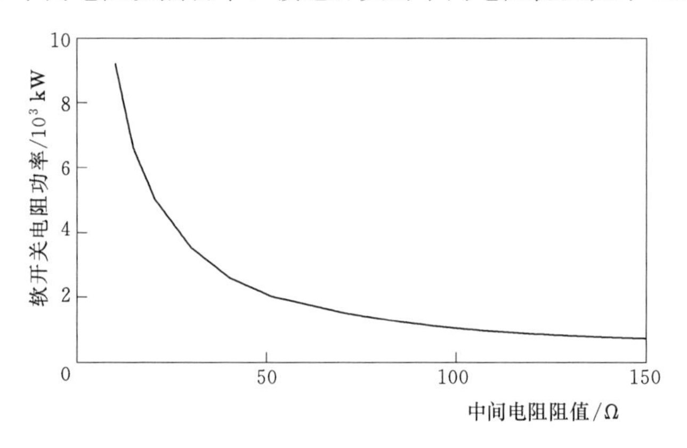

图 8.10 最不利场景下 R 与发热功率的关系曲线

8.2.4 面向抑制故障相接地断开暂态过程的阻值选取分析

1. 故障相接地断开暂态过程

在中性点不接地系统中，由于单相接地引发低频暂态过程，进而导致电压互感器熔断器烧断甚至损坏电压互感器的情形多有报道。

中性点低频振荡过程产生的机理是：当接地开关闭合后，故障相电压下降至接近 0，健全相电压上升至接近线电压，三相对地电容电荷随之改变。对于瞬时性单相接地，随着电弧的熄灭故障现象消失，在接地开关断开时，三相电压需要重新恢复对称，故障相电压上升，健全相电压下降，对地电容上积累的电荷要重新平衡。在中性点不接地系统中，这一部分电荷只能通过电压互感器的一次侧接地点形成回路，导致低频暂态过程[13]。

根据 KVL，可列写出瞬时性单相接地情况下、接地开关断开时的回路方程

$$L_H C_0 \frac{d^2 u_c}{dt^2} + R_H C_0 \frac{du_c}{dt} + u_c = 0 \tag{8.2}$$

$$i_H = -C_0 \frac{du_c}{dt} \tag{8.3}$$

式中：R_H 和 L_H 分别为电压互感器的等效串联电阻和等值电感；u_c 为电容电压；i_H 为流经电压互感器的电流。

对于电压互感器，一般满足 $R_H < 2\sqrt{L_H/C_0}$，因此暂态过程为欠阻尼。

联立式（8.2）和式（8.3）求解，可以得出

$$i_H = e^{-\delta t} \frac{U_C}{\omega_H L_H} \sin(\omega_H t) \tag{8.4}$$

其中

$$\delta = \frac{R_H}{2L_H}$$

$$\omega_1 = \frac{1}{\sqrt{L_H C_0}}$$

$$\omega_H = \sqrt{\omega_1{}^2 - \delta^2}。$$

由式（8.4）可知，C_0 越大，ω_H 越小，i_H 越大。

10kV 配电网的电容电流在 5～200A 时对应的 C_0 约为 0.75～30μF，对于典型电压互感器，R_H 和 L_H 分别为 1800Ω 和 1500H，对应低频振荡频率约为 0.710～5Hz。

图 8.11 所示为在 10kV 配网试验系统某次接地开关硬关断时的现场实测波形，由该次实测波形可以看出，硬关断确实有可能导致系统三相电压和中性点电压出线明显低频震荡现场，在电压互感器一次绕组上产生明显的低频电流。

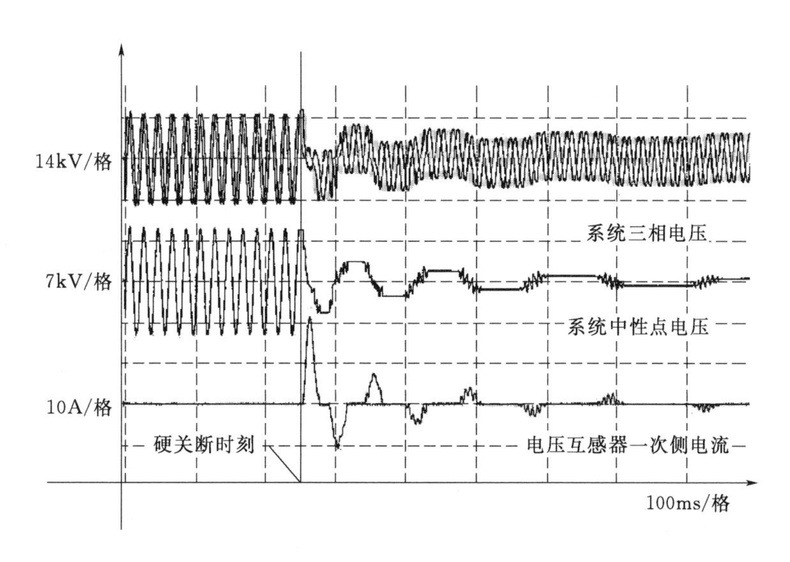

图 8.11　试验系统在接地开关硬关断时的典型低频振荡过程

2. 抑制措施及阻值选取分析

对于谐振接地系统，由于可以通过自身接地变和消弧线圈构成的中性点接地回路平衡三相对地电容电荷之改变，有助于抑制接地开关分闸暂态过程。

对于中性点不接地系统，采用 8.1 节的软关断过程，能够起到抑制故障相接地打开暂态过程的作用，图 8.12 所示为电压互感器一次侧电流与中间电阻的关系曲线。电压互感器一次侧熔丝的额定电流一般为 0.5A，在中间电阻大于 100Ω 后，各类不接地系统下电压互感器一次侧电流就可以小于 0.5A。由于中性点不接地系统对地电容电流一般小于 10A，考虑到配电网结构的变化以及对地电容测量的不准确性，分析中对地电容电流按 30A 考虑。

但对于中性点不接地系统，仅仅依靠软关断过程并不能完全抑制低频暂态过程，需要与中性点中电阻投入（实际在智能接地装置中是将配电系统通过接地变接入中性点中电阻，由于该接地变压器仅在软关断前和选线定位期间短暂投入，其体积远小于长期接入的同容量接地变压器）配合，在分闸前，先将中性点中电阻投入，再进行软关断过程，可以有效抑制低频振荡，而投入中性点中电阻的另外一个作用是在永久性单相接地故障时倍增零序电流实现单相接地选线和定位。

图 8.13 所示为在 10kV 配网试验系统，中性点中电阻投入与中间电阻为 120Ω 的软开

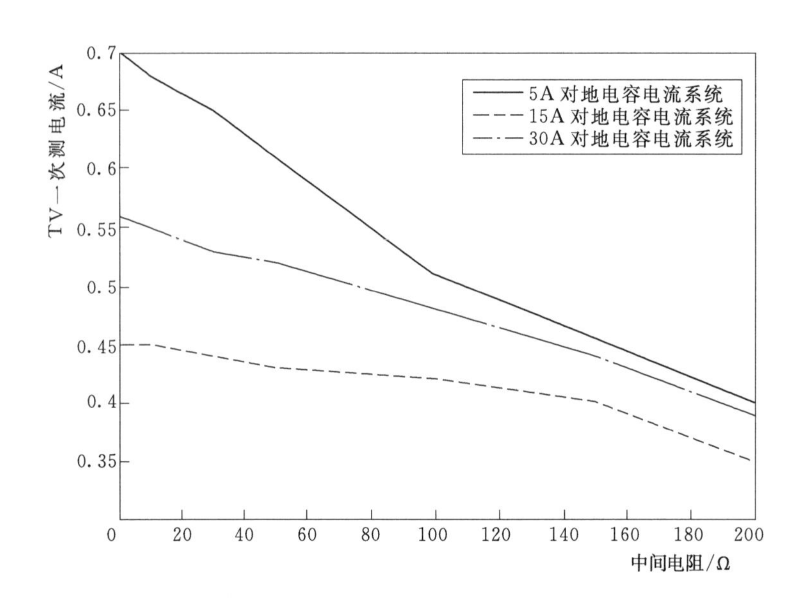

图 8.12 不同容性电流下 TV 一次侧电流与中间电阻的关系曲线

关配合的断开过程现场实测波形，由图可以看出先投入中性点中电阻投入，再经中间电阻为 120Ω 的软关断过程，系统零序电压未再出现明显的低频震荡现象。

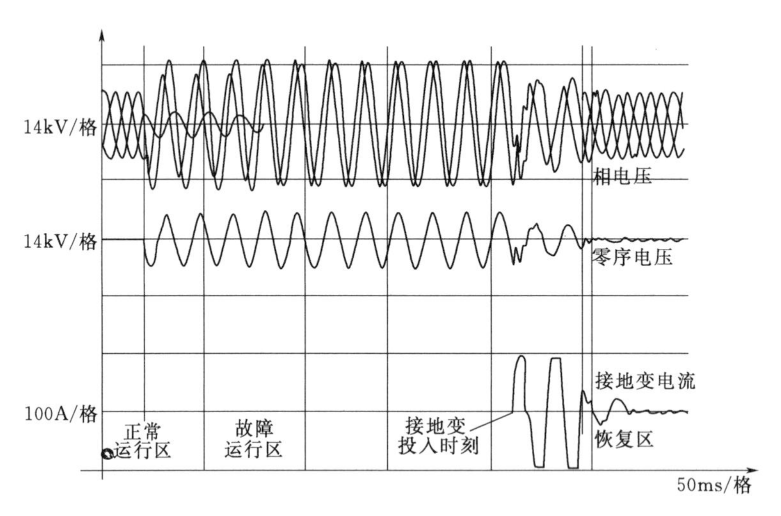

图 8.13 软开关与接地变压器配合断开过程

8.3 单相接地选线和定位

8.3.1 中性点中电阻阻值选取及零序保护整定

本项目智能接地配电系统在故障相接地软开关消弧失败，确认为永久性单相接地故障以后，智能接地装置通过在配电系统中性点投入一个中电阻，来增大流经单相接地馈线的零序电流，从而有利于安装在馈线沿线的零序保护终端来实现对非高阻永久性单相接地故障的选线和定位。

考虑到配电线路正常运行时的负荷不平衡也会导致出现零序电流，并且在发生单相接地故障时非故障线路也会流过由自身电容电流产生的零序电流，因此为了确保零序电流保护的选择性，零序电流保护的定值需明显高于上述两种情形的零序电流值，通常馈线零序电流保护定值 $3I_0$ 可按 30A 整定，可选定中性点中电阻阻值（包括接地变阻抗和中电阻阻值在内）为 20Ω，当接地过渡电阻在 170Ω 以下时，单相接地馈线沿线的零序电流保护能够正常启动。

8.3.2 断线接地等高阻故障的选线

当配电系统发生断线等超高阻接地故障之后，三相电压变化不大，系统中性点零序电压很小，智能接地配电系统即使在配电系统中性投入中电阻，也很难启动馈线沿线终端的零序电流保护实现故障的选择性切除，但暴露在外的线路具有极大的隐患，必须予以排除。

针对断线不接地等高阻接地故障，智能接地配电系统是采用通过检测各条线路出口零序电流有效值在中性点中电阻投入前后的变化率的方法来进行故障选线的。

中性点中电阻投入之后，故障线路零序电流由于中性点接地电流的流入而增大；健全线路零序电流由于线路电压的平衡下降而减小。

图 8.14 所示为发生超高阻接地故障（故障电阻取 10kΩ）时，健全线路与故障线路在中性点中电阻投入前后零序电流的变化。图 8.14 中，在 0.5s 时发生单相接地故障，在 1s 时脉冲接地变压器投入。

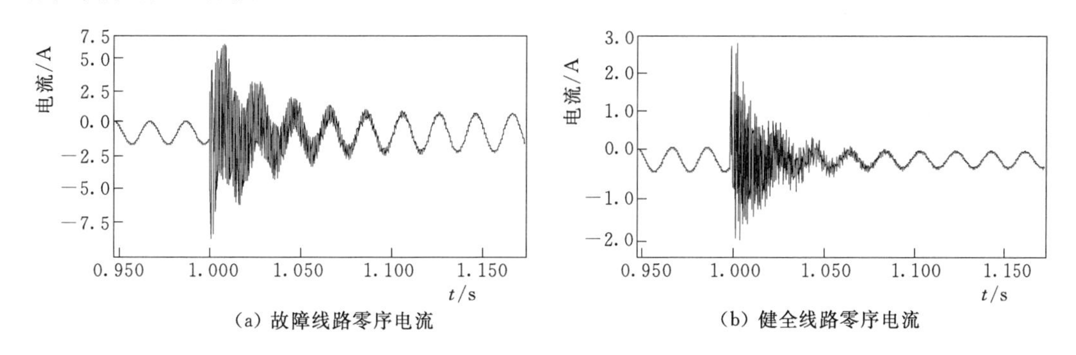

图 8.14 接地变投入前后故障线路与健全线路零序电流

对于故障线路，中性点中电阻投入之后和之前零序电流变化为

$$K_1=\frac{I'_{01}}{I_{01}}=\frac{1.442\text{A}}{0.867\text{A}}=1.66 \tag{8.5}$$

对于健全线路，中性点中电阻投入之后和之前零序电流变化

$$K_2=\frac{I'_{02}}{I_{02}}=\frac{0.199\text{A}}{0.288\text{A}}=0.69 \tag{8.6}$$

对比发现，故障线路在中性点中电阻投入之后的零序电流与投入之前的零序电流比值大于 1，健全线路该比值则小于 1，以此可以作为选线判据。图 8.15 所示反映了健全线路

与故障线路中性点中电阻投入之后与之前零序电流比值与中性点零序电压的关系，可见，满足上述关系的范围为$U_0<0.5U$（注：图8.15上反映应为0.6以上，考虑一定的裕度），因此超高阻接地识别过程的启动条件可设置为$U_0<0.5U$。当$U_0>0.5U$时，采用零序保护就可以实现选线和定位。

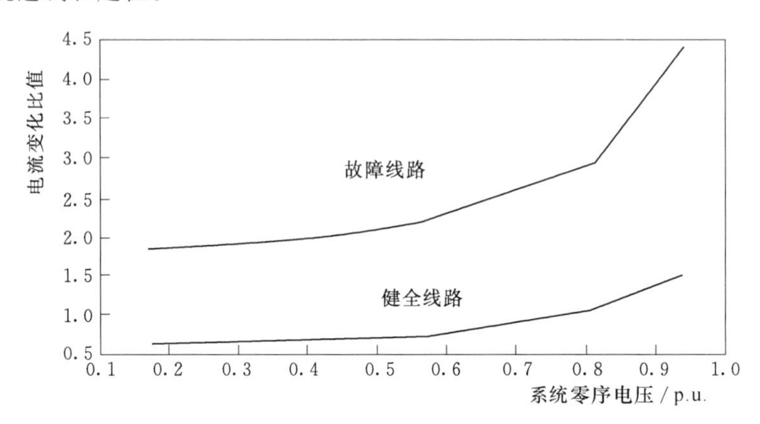

图8.15　中性点中电阻投入前后线路零序电流比值与零序电压的关系

8.4　应 用 问 题

8.4.1　智能接地装置的结构型式

为了适应不同场合的安装需求，智能接地装置可以采取三种结构型式。

1. 结构一：开关柜结构

若变配电所内有足够的空间，智能接地装置可采用开关柜安装的方式。

开关柜结构的智能接地装置的结构示意图如图8.16所示，采用KYN28-12柜样式，常规情况下可以与其他户内开关柜并柜，需敷设高压电缆、控制电源、电压信号、通信线缆。

2. 结构二：户外箱变结构

若变配电所室内没有有足够的空间，智能接地装置可采用户外箱变式结构。

户外箱变结构的智能接地装置安装在变配电所室外，通过高压电缆和出线开关连接，其结构示意图如图8.17所示。需敷设高压电缆、控制电源、电压信号、通信线缆。

3. 结构三：柱上箱变结构

若变配电所内空间有限，无法在地面安装智能接地装置，可采用体积小，重量轻的柱上箱变结构的智能接地装置。

柱上箱变结构智能接地装置的安装示意图如图8.18所示。

8.4.2　智能接地装置的接入方式

无论何种结构型式，智能接地装置都宜经过一台断路器（称为接入断路器）接入母线，当智能接地装置内部故障时，该断路器跳闸切除智能接地装置。

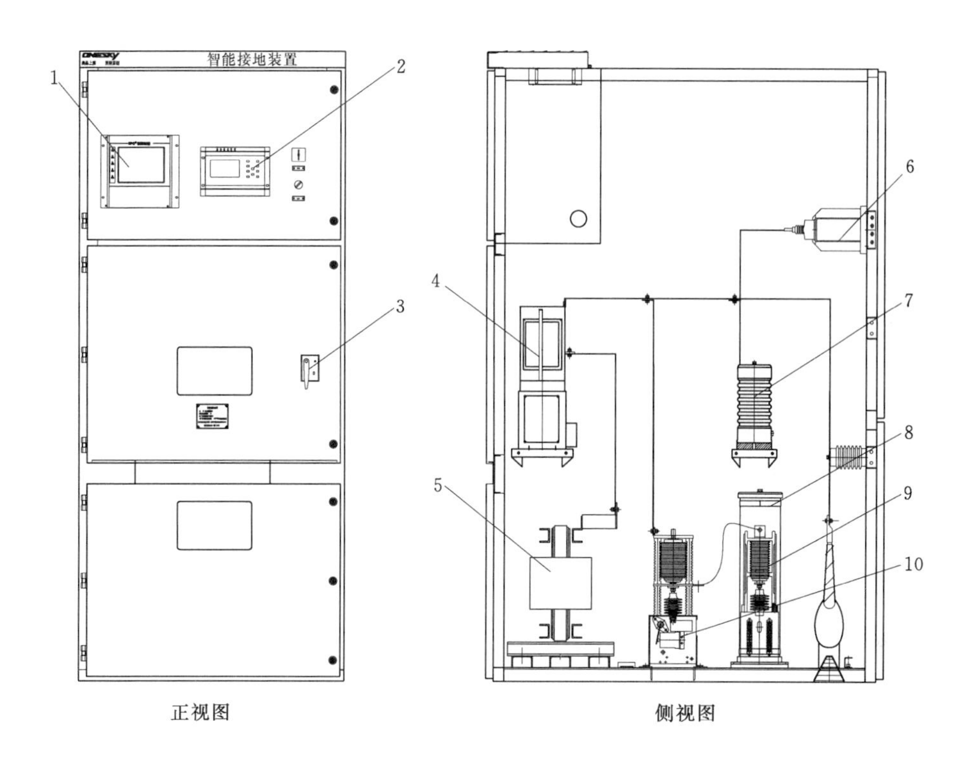

图 8.16　开关柜结构智能接地装置

1—EPO 暂态电压监测装置控制器（选配）；2—ZNJD 智能接地装置控制器；3—前门电磁锁；
4—三相一体式高压真空接触器；5—接地变压器；6—DB30－D 低残压保护器；
7—EPO 宽频电压传感器（选配）；8—中间电阻；9—单相高压真空接触器（中性点）；
10—单相高压真空接触器（高压三相）

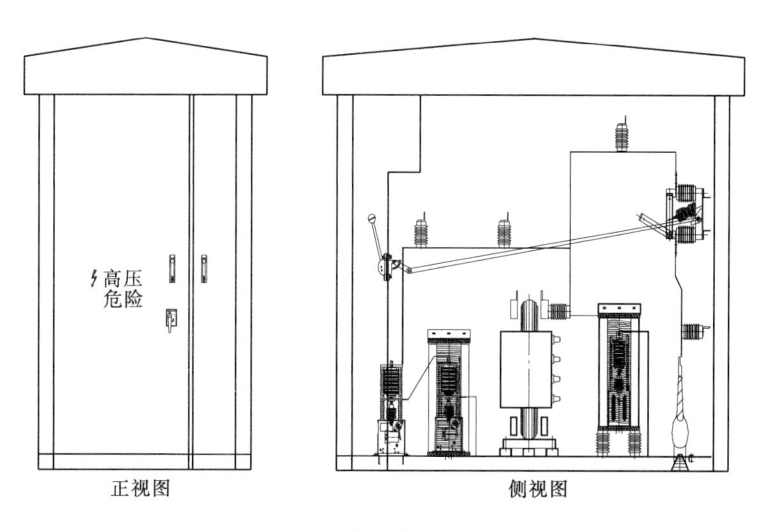

图 8.17　户外箱变结构智能接地装置

根据系统配置情况及变配电所的物理空间，智能接地装置接入系统可以采用如图 8.19 所示的 4 种方式。

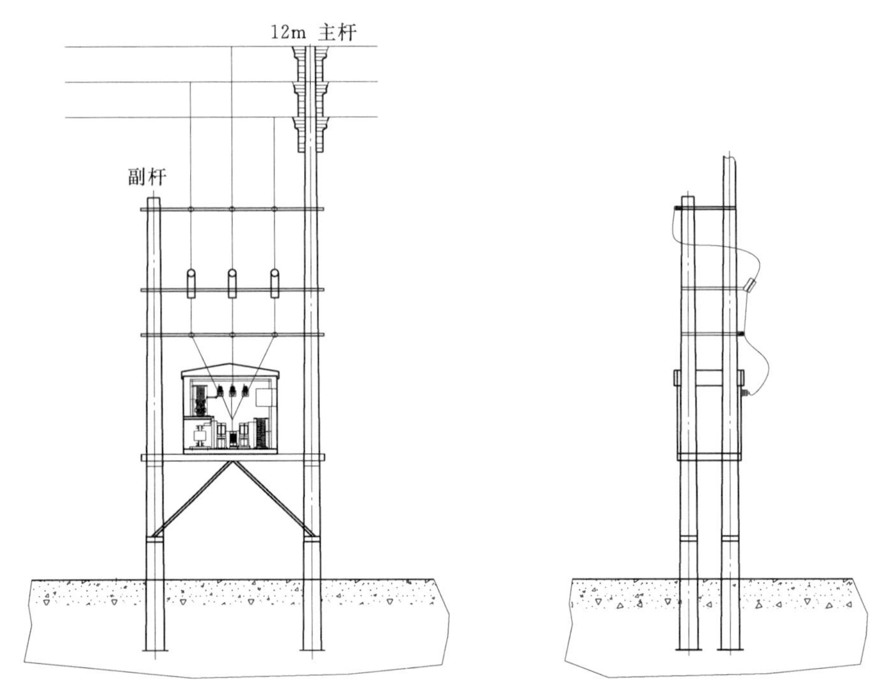

图 8.18　柱上箱变结构智能接地装置的安装

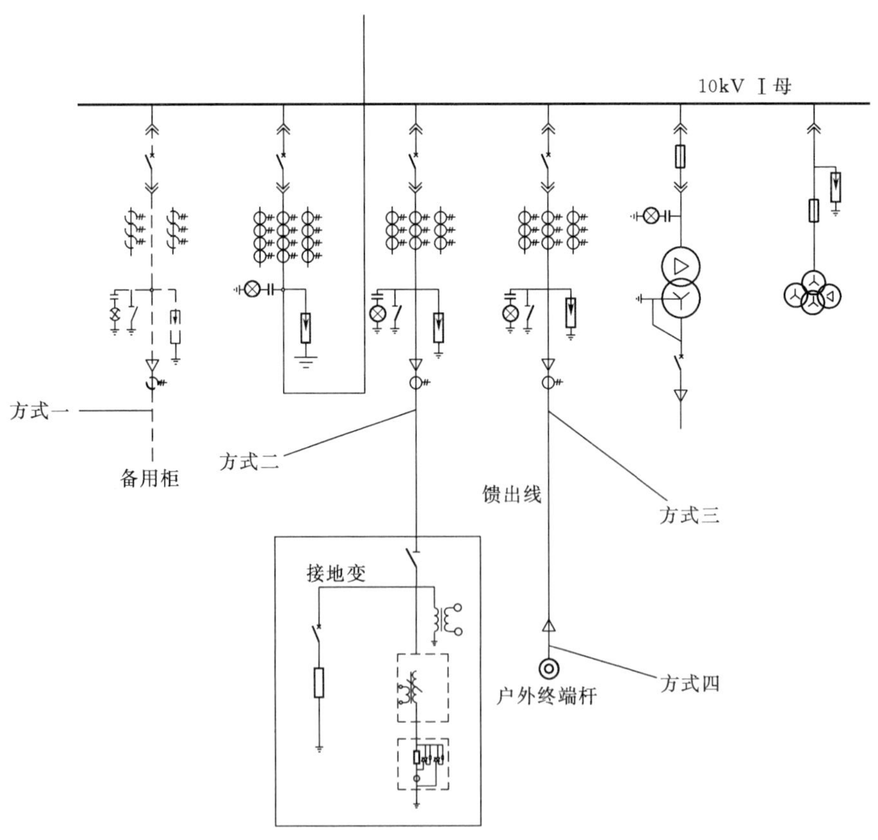

图 8.19　智能接地装置接入的 4 种方式

（1）方式一：适用于现场有可用备用出线柜的情况。此种情况下，智能接地装置可以采用结构一（开关柜安装）和结构二（户外箱变）的安装方式，并独占一台出线断路器。这种方式具有可靠性高的优点，但是变电站需减少一条馈线。在现场没有可用备用出线柜的情况下，出线断路器也可以布置在开关柜结构的智能接地装置以内。

（2）方式二：利用现场的接地变出线柜的情况。此种情况下，智能接地装置可以采用结构一（开关柜安装）和结构二（户外箱变）的安装方式，共用一台出线断路器。这种方式不需要占用变电站出线间隔，但是接地变子系统故障时也会造成智能接地装置停运，智能接地装置故障时也会造成接地变子系统停运。

（3）方式三：智能接地装置采用结构一（开关柜安装）和结构二（户外箱变）的安装方式，从一条10kV出线T接，共用一台出线断路器。这种方式不需要占用变电站出线间隔，但是馈线故障导致其出线断路器跳闸时会造成智能接地装置停运，智能接地装置故障时也会造成馈线停运。

（4）方式四：在变配电所内没有空间的情况下，智能接地装置采用结构三（柱上箱变）的安装方式接在馈线上。这种方式不需要改变变电站内原有配置，但是可靠性较差。馈线故障导致智能接地装置接入位置停电时会造成智能接地装置停运，智能接地装置故障时也会影响馈线常供电。

8.4.3 继电保护

当智能接地装置内部故障时，配置在接入断路器的继电保护装置必须迅速动作，使该断路器跳闸切除含有故障的智能接地装置。

而对于配电网发生了永久性单相接地的情形，智能接地装置最终将其控制成为金属性单相接地状态维持为用户供电，此时若该配电子网络的某个健全相又发生了接地，则构成两相短路接地。在这种情况下，应当由接地馈线上的相应断路器跳闸，而不应由智能接地装置的接入断路器跳闸。因为即使智能接地装置的接入断路器跳闸，因馈线上永久性接地存在，并不能切除故障，而仍需要相应馈线断路器跳闸，并且智能接地装置的接入断路器跳闸后，该配电子网络的其余健全馈线将丧失智能接地装置的作用。

（1）对于接入方式一和方式二，比较容易区分出智能接地装置内部故障或智能接地装置与配电网间的两相短路接地故障，可采用的判据为：

1）若接入断路器处流过两相及以上短路电流，则可判定为智能接地装置等内部故障，此时瞬时速断保护动作跳闸切除故障。

2）若接入断路器处仅流过单相短路电流，则可判定为智能接地装置与配电网间发生了两相短路接地，此时不启动瞬时速断保护，而仅启动延时速断保护（延时时间大于馈线断路器的动作时间），而由馈线断路器保护动作跳闸切除故障，随后接入断路器即可返回，从而使该配电子网络的健全部分仍可发挥智能接地装置的作用。

（2）对于接入方式三和方式四，因与馈线共用出线断路器，上述判据对于智能接地装置内部故障和智能接地装置与配电网间的两相短路接地故障的区分虽然不能百分之百地实现，但是绝大多数情况下是可以实现的。

1）当除了智能接地装置接入的馈线以外的其余馈线上或馈线间发生了两相短路接地

故障时，上述判据仍能可靠地区分出智能接地装置内部故障和智能接地装置与配电网间的两相短路接地故障。

2）当智能接地装置接入的馈线与其他馈线间发生了两相短路接地故障时，上述判据仍能可靠地区分出智能接地装置内部故障和智能接地装置与配电网间的两相短路接地故障。

只有当智能接地装置接入的馈线上发生了两相短路接地故障时，上述判据不能区分出智能接地装置内部故障和智能接地装置与配电网间的两相短路接地故障，均会使接入断路器跳闸。

8.4.4 长馈线重载应用问题

许多学者担心智能接地装置（主动转移型消弧装置）在长馈线重载应用时存在一定问题。在发生单相接地时，智能接地装置在变电站母线侧将故障相接地，从而将电弧熄灭。但是，当供电半径较长且负荷较重时，假设在馈线末端发生单相接地，由于单相接地和故障相接地都没有破坏线电压，因此用户仍可以正常供电，负荷电流在馈线上产生电压降，使得馈线实际接地点与变电站母线间存在电压，从而在两个接地点（一是馈线末端的实际接地点，另一是站内智能接地装置制造的故障相接地点）之间形成环流，使得流过馈线末端的实际接地点的电流不仅含有零序电流，而且还叠加有该环流，由于相比站内故障相接地前有所增大，可能使实际接地点原本属于瞬时性故障的电弧增强难以熄灭，此时智能接地装置会将其判断为永久性故障而进行故障隔离跳闸，造成原本是瞬时性故障而可以继续供电的负荷被中断，如图 8.20 所示。而越是重负载此现象发生可能性越大，因此有失去大量载荷的风险。

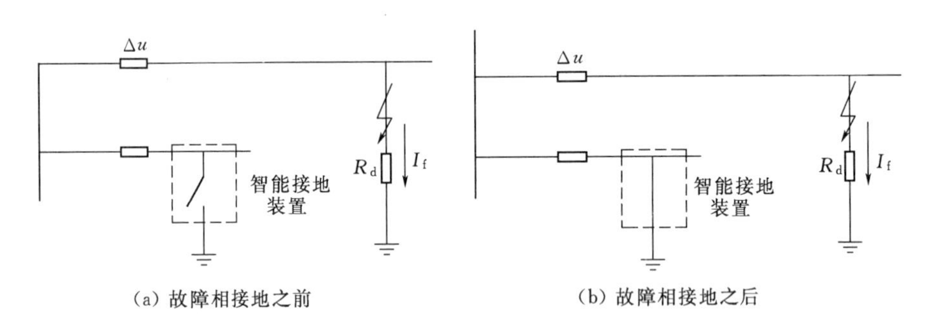

图 8.20　智能接地装置长馈线重载应用

本节深入研究智能接地装置（主动转移型消弧装置）在长馈线重载应用时，是否真的存在上述问题。

1. 理论分析

采用智能接地装置（主动转移型消弧装置）进行故障相接地时，由于故障馈线上流过的负荷电流在馈线阻抗上产生压降，导致故障点和变电站内金属性接地点之间形成环流，从而影响电压消弧的效果，图 8.21 所示为此时的等效电路。其中 R_d 为接地过渡电阻，I_{kf}为流过馈线的电流，I_{fc}为单相接地故障点电流，I_{LC}为故障相负荷电流，U_{fc}为单相接地故障点的对地电压，z 为馈线单位长度阻抗，l_z 为单相接地故障点距变电站内金属性接地点的距离。

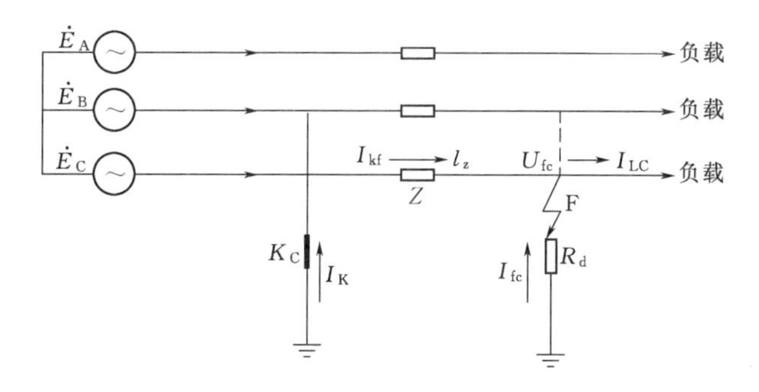

图 8.21　故障相接地后的等效电路

对故障点 F，由基尔霍夫电流定律有

$$I_{kf}+I_{fc}=I_{LC} \tag{8.7}$$

$$I_{fc}=-\frac{U_{fc}}{R_d} \tag{8.8}$$

$$I_{kf}=-\frac{U_{fc}}{zl_z} \tag{8.9}$$

由式（8.7）、式（8.8）和式（8.9）可得故障点电流和环流的表达式分别为

$$I_{fc}=\frac{zl_z I_{LC}}{R_d+zl_z}=\frac{\Delta U}{R_d+Z} \tag{8.10}$$

$$I_{kf}=\frac{R_d I_{LC}}{R_d+zl_z} \tag{8.11}$$

其中 $Z=zl$。

由式（8.10）和式（8.11）可知：当 $R_d \ll Z$ 时，则故障点的电流 $I_{fc}\approx I_{LC}$，$I_{kf}\approx 0$，也即当接地过渡电阻较小时，流过接地故障点的主要是负荷电流，通常大于故障相接地前的零序电流。当 $R_d \gg Z$ 时，则 $I_{fc}\approx 0$，$I_{kf}\approx I_{LC}$，也即当接地过渡电阻较大时，流过接地故障点的电流较小。

综合以上分析可知，发生单相接地故障时，经智能接地装置（主动转移型消弧装置）进行故障相接地后，流过接地故障点的电流随着接地电阻的增大而减小。在负荷电流较大、故障距离较长、馈线单相接地过渡电阻较小时，线路压降会在两个接地点形成较大的环流，导致故障点的电流没有减小反而增大，影响智能接地装置（主动转移型消弧装置）的灭弧效果。

2. 数字仿真

基于 ATP - EMTP 仿真平台建立如图 8.22 所示的仿真模型，对智能接地装置（主动转移型消弧装置）在长馈线重载应用时的情况进行分析，图中 110kV/10.5kV 变压器采用 Y -△接线方式，额定容量为 31.5MVA，母线所带 4 条馈线（$L_1 \sim L_4$）分别为全电缆线路、电缆—架空混合线路、全架空线路和带分支的电缆—架空混合线路。馈线采用分布参数 Clark 模型，馈线参数见表 8.1，变电站内的接地电阻为 0.1Ω。单相接地故障发生在

馈线 L_4 上，负荷电流分别取 300A 和 600A，功率因数为 0.9。

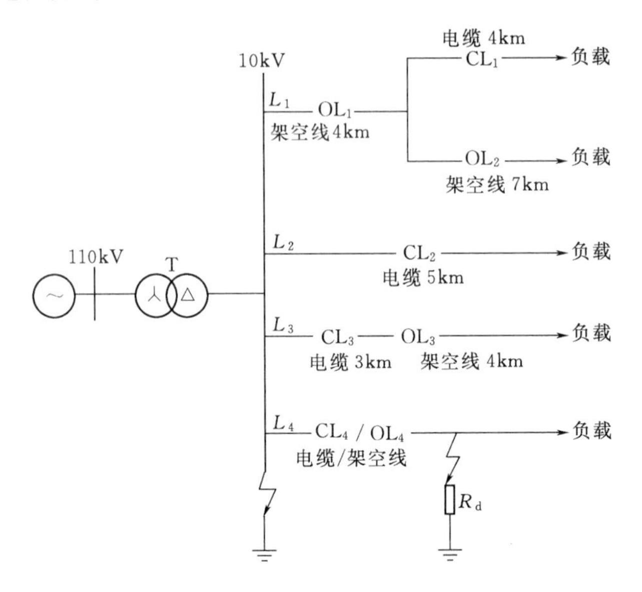

图 8.22　一个包含 4 条馈线的中性点不接地配电网的仿真模型

表 8.1　　电缆线路和架空线路参数

类型	R_0/(Ω·km^{-1})	C_0/(μF·km^{-1})	L_0/(mH·km^{-1})	R_1/(Ω·km^{-1})	C_1/(μF·km^{-1})	L_1/(mH·km^{-1})
架空	0.2750	0.0054	4.6000	0.1250	0.0096	1.3000
电缆	2.7000	0.2800	1.0190	0.2700	0.3390	0.2550

根据 GB/T 12325—2008《电能质量　供电电压允许偏差》规定：10kV 电压等级所允许的电压偏差范围为其标称电压的±7%，为输变电系统留出±2%，将其余±5%都留给 10kV 配电网，即从 10kV 母线至馈线末端至多允许 $10\%\times10\times10^3/\sqrt{3}=577$V 电压降，在数字仿真中以馈线上单相接地故障点与变电站 10kV 母线间的电压降有效值为 600V 为条件，这种情况反映了长馈线重载运行在馈线末端发生单相接地时的最不利场景。

架空线路末端发生单相接地故障，调节单相接地点与 10kV 母线间的电压降有效值为 600V、负荷电流有效值为 300A 和 600A 时，变电站内故障相接地前后，故障点电流有效值随过渡电阻变化的仿真结果如图 8.23 所示。

电缆线路末端发生单相接地故障，调节单相接地点与 10kV 母线间的电压降有效值为 600V、负荷电流有效值为 300A 和 600A 时，变电站内故障相接地前后，故障点电流有效值随过渡电阻变化的仿真结果如图 8.24 所示。

由图 8.23 和图 8.24 可见，无论是电缆还是架空线路发生单相接地故障，变电站内故障相接地前后，在负荷电流较大以及馈线较长的情况下，随着过渡电阻的增大，流过单相接地故障点的电流逐渐减小，仿真结果与理论分析相符。在单相接地过渡电阻较低的情况下，变电站内故障相接地后，流过馈线单相接地故障点的电流不仅没有减小反而会增大，

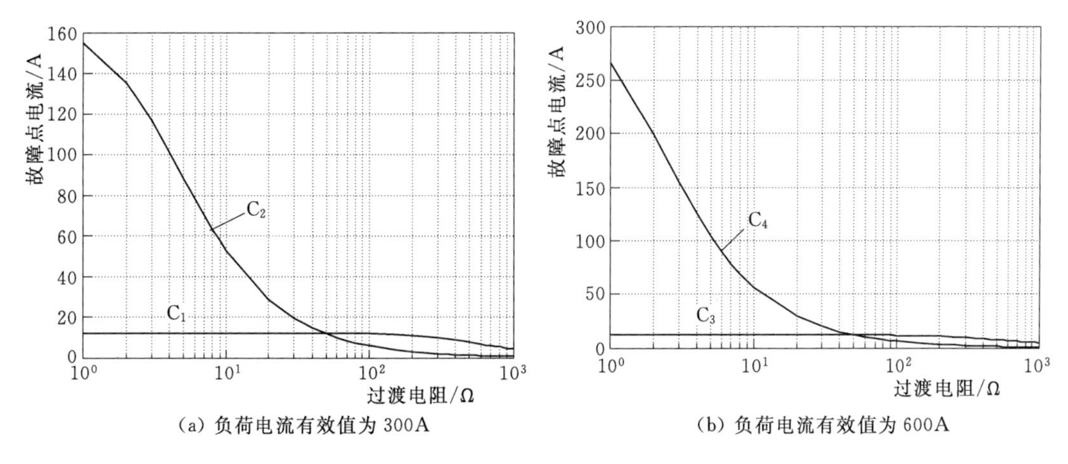

(a) 负荷电流有效值为 300A　　(b) 负荷电流有效值为 600A

图 8.23　故障点电流有效值随过渡电阻变化的仿真结果

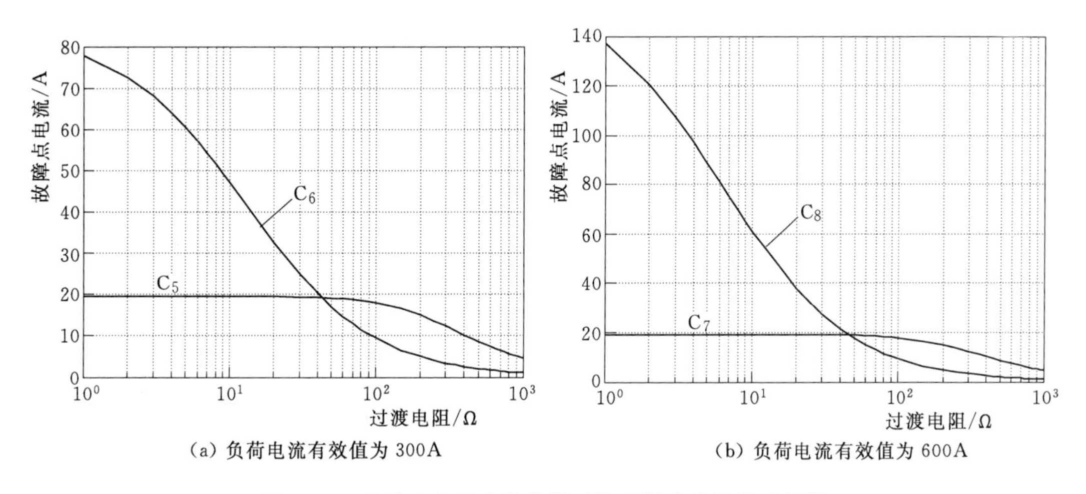

(a) 负荷电流有效值为 300A　　(b) 负荷电流有效值为 600A

图 8.24　故障点电流有效值随过渡电阻变化的仿真结果

可能会影响消弧的效果；而在高阻接地时，变电站内故障相接地后，流过馈线单相接地故障点的电流较小。

中性点经消弧线圈接地配电系统与中性点不接地配电系统仿真模型与仿真结论基本类似，不再赘述。

3. 实际中的单相接地过渡电阻

为了弄清楚实际应用中，智能接地装置（主动转移型消弧装置）是否会存在熄弧障碍，需要进一步研究实际当中可能会遇到的单相接地过渡电阻范围。

(1) 在国家电网公司电力接地工程实验室的测试结果。在国家电网公司电力接地工程实验室，结合几种常见接地场景，进行反复的实际测量，得到的点斜式电阻（电压增量除以电流增量）分别为：

1) 裸线落到干燥水泥地面：200kΩ 至数兆欧。

2) 裸线落到平整湿润土壤表面：800～4000Ω。

3) 裸线缠绕到入地 10cm 钢钎：200～3000Ω 。

裸线缠绕到入地 100cm 钢钎（拉线、横担）：18.84～53.5Ω。

（2）国外相关测试结果。根据文献［17］，美国科学家在 12.5kV 配电网对各种场景下接地电阻的测试结果见表 8.2。

表 8.2　　文献［17］报道的各种场景下接地电阻测试结果（$U_{\phi}=7200V$）

地面类型	电流/A	电阻值/Ω
干燥水泥地	0	
混凝土（非增强型）	0	很大
干燥沙地	0	
湿润沙地	15	
干燥草皮	20	
干燥草地	25	96～480Ω
湿润草皮	40	
湿润草地	50	
混凝土（增强型）	75	

（3）相关标准对输电杆塔接地电阻的要求。DL/T 887—2004《杆塔工频接地电阻测量》在附录 B 中给出了在各种土壤电阻率条件下，对输电杆塔接地电阻的要求：

1）土壤电阻率在 100Ω·m 以内，要求杆塔接地电阻不大于 10Ω。

2）土壤电阻率在 100～500Ω·m，要求杆塔接地电阻不大于 15Ω。

3）土壤电阻率在 500～1000Ω·m，要求杆塔接地电阻不大于 20Ω。

4）土壤电阻率在 1000～2000Ω·m，要求杆塔接地电阻不大于 25Ω。

5）土壤电阻率在 2000Ω·m 以上要求杆塔接地电阻不大于 30Ω。

要满足上述要求，一般需建设接地网才能满足，而对于配电线路的水泥杆，一般不建设接地网，而直接采用扁 2 钢构成垂直接地极接地。

综上所述，对于配电线路，最不利的单相接地场景为：架空裸线断线落到经扁钢接地的横担或拉线上，或电缆线路绝缘障碍导致导体与接地的挂钩接触。在这些场景下，接地电阻应在 20～30Ω 以上。对照图 8.23 和图 8.24 可知，在此接地电阻范围以内，流过馈线单相接地故障点的电流不超过 50A。

4. 熄弧能力实验

根据前面的分析可知，对于长馈线重载运行的情况，当馈线末端发生单相接地故障时，在实际中可能遇到的接地过渡电阻的条件下，通过智能接地装置（主动转移型消弧装置）在变电站内进行故障相接地后，单相接地故障点电弧的最不利熄弧条件为：馈线压降 600V、流过单相接地故障点电流 50A。为了研究在上述条件下的熄弧能力，搭建如图 8.25 所示的实验平台进行实验研究。

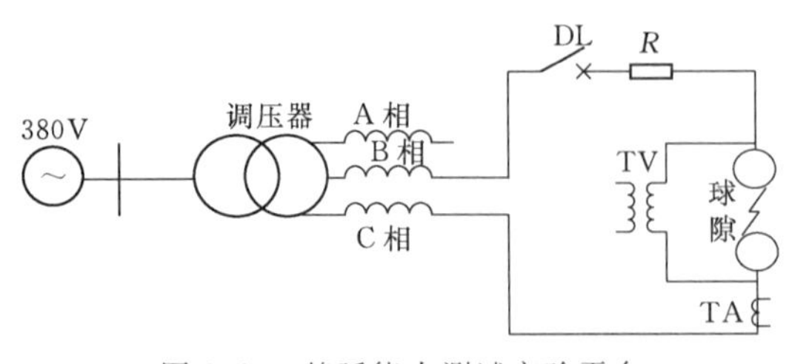

图 8.25　熄弧能力测试实验平台

图 8.25 中，调压器为 TSA－315，额定容量 315kVA，输出电压有效值为 0～650V；电阻器为 DZQ－604R，容量为 60kW，电阻值 R 为 12Ω；单相交流真空

接触器 DL 为 JCZT2－12/630－4T；电流互感器 TA 为 LMZJ1－0.5，电流比为 200/5；电压互感器 TV 为 JDZJKX－12，电压比为 100/1。

首先将放电球隙的球隙距离调节为 0，使两个小球充分接触；调节调压器的电压有效值为 140V 给球隙两端加压，控制接触器开关 DL 闭合，保持球隙的一端不动，使用的绝缘杆手摇以缓慢地移动另一端的小球，逐渐拉大放电球隙之间的距离产生电弧［图 8.26（a）］，待持续燃弧一段时间［2min 以上，图 8.26（b）］，继续拉大放电球隙的间距直至电弧完全熄灭［图 8.26（c）和（d）］；观察并拍照放电球隙间的燃弧过程，测量电弧电流、电压波形，测量使电弧熄灭的球隙的最小间距，称为"临界电弧长度"。分别调节调压器的电压有效值为 380V、440V、520V、600V 和 650V，重复上述过程。所得到的测试结果见表 8.3。

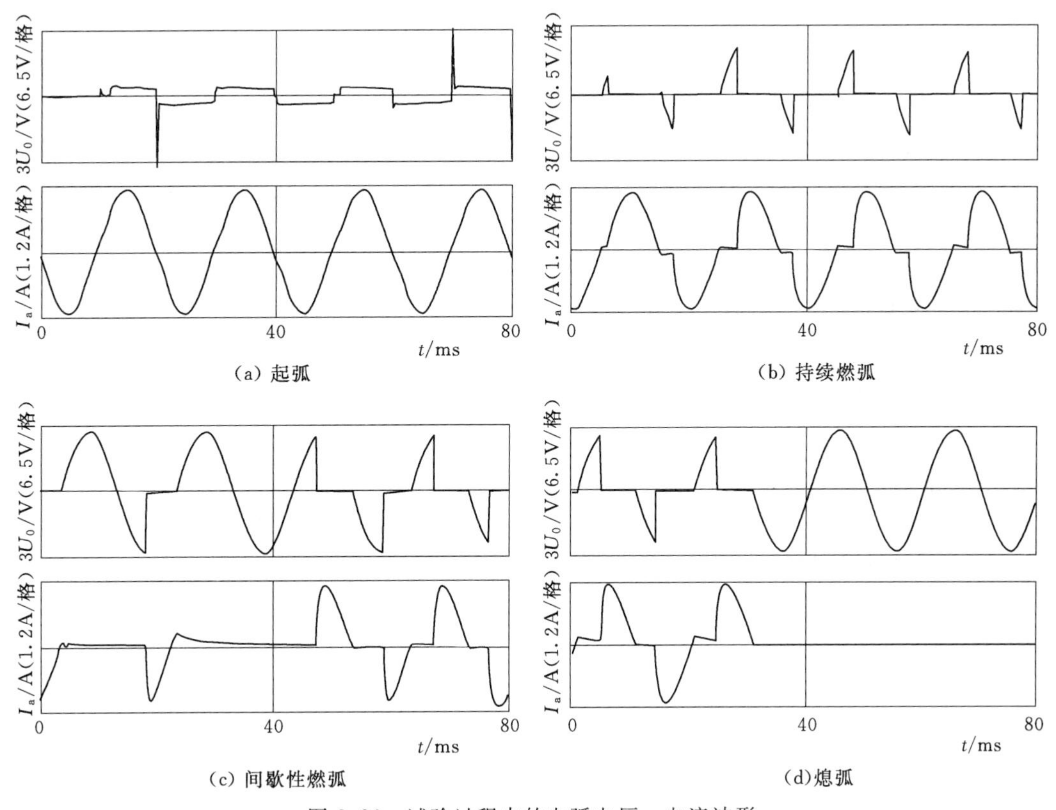

图 8.26 试验过程中的电弧电压、电流波形

表 8.3 **临界电弧长度的实验结果**

调压器电压/V	电弧电流/A	间隙距离/mm
140	12.7	0.8
380	34.5	1.0
440	40	1.1
520	47.3	1.2
600	54.5	1.3
650	59	1.5

根据试验结果可知，在长馈线重载运行的最不利情况下，只要馈线末端单相接地故障点的电弧长度超过1.5mm，通过智能接地装置（主动转移型消弧装置）在变电站内进行故障相接地后就能熄灭电弧。考虑到分析、测试与试验的误差，保守估计，能够熄灭电弧的临界电弧长度应不会超过1cm。而10kV电压等级的安全距离为12.5cm[18]，故电弧长度小于1cm的情形应当视同为永久性故障。

综上所述，智能接地配电系统在长馈线重载应用时，在馈线发生瞬时性故障时能够可靠熄弧，并不影响负荷正常供电；在馈线发生永久性故障时，智能接地装置与馈线上的反时限零序保护配合，可以实现选段跳闸隔离故障区域。

8.5 本章小结

（1）智能接地配电系统通过在变电站配置智能接地装置和在馈线分段处配置具有零序保护功能的配电终端实现。

（2）智能接地配电系统能够快速熄灭故障相电弧防止引起弧光接地过电压。对于暂时性单相接地可靠熄弧，系统自愈恢复正常运行；对于永久性单相接地，可实现接地选线、定位和隔离。

（3）在故障恢复过程中，经过软开关与接地变压器的配合，可以消除中性点不接地系统产生的低频振荡过程，防止电压互感器损坏。

（4）软开关中间电阻的取值需综合考虑抑制软开关合闸和分闸时的暂态过程、选错相时的容错和纠错功能。

（5）对于中性点不接地系统，可通过投入中性点脉冲接地变压器、来增大流经单相接地馈线接地故障点上游的零序电流，实现选线和定位。

（6）对于中性点经消弧线圈接地系统，通过投入一个与消弧线圈并联的中电阻，来增大流经单相接地馈线接地故障点上游的零序电流，实现选线和定位。

（7）对于断线等超高阻接地故障，故障线路在脉冲接地变投入之后的零序电流与投入之前的零序电流比值大于1，健全线路则小于1，以此可以作为选线判据。

（8）智能接地配电系统在长馈线重载应用时，在馈线发生瞬时性故障时不存在熄弧障碍。

本章参考文献

[1] 刘明岩．配电网中性点接地方式的选择[J]．电网技术，2004，28（16）：86-89.

[2] 苏继峰．配电网中性点接地方式研究[J]．电力系统保护与控制，2013，41（08）：141-148.

[3] 郭丽伟，薛永端，徐丙垠，等．中性点接地方式对供电可靠性的影响分析[J]．电网技术，2015，39（08）：2340-2345.

[4] 唐轶，陈奎，陈庆．小电流接地电网单相接地故障的暂态特性[J]．高电压技术，2007，33（11）：175-179.

[5] 张新慧，薛永端，潘贞存，等．单相接地故障零模暂态特征的仿真分析[J]．电力自动化设备，2007，27（12）：39-43.

[6] 薛永瑞，李娟，徐丙垠．中性点消弧线圈接地系统小电流接地故障暂态等值电路及暂态分析 [J]. 中国电机工程学报，2015，35 (22)：5703-5713.

[7] 金恩淑，杨明芳，李卫刚，等．基于 MODELS 的工频弧光接地过电压的仿真 [J]. 电力系统保护与控制，2009，37 (13)：24-28.

[8] 王吉庆，沈其英．中性点经消弧线圈接地系统的单相接地故障选线 [J]. 电网技术，2003，27 (9)：78-79.

[9] 薛永端，张秋凤，颜廷纯．综合暂态与工频信息的谐振接地系统小电流接地故障选线 [J]. 电力系统自动化，2014，38 (24)：80-85.

[10] 唐金锐，杨晨，程利军．配电网馈线零序电流随过补偿度动态调节的变化特性分析 [J]. 电力系统自动化，2017，41 (13)：125-132.

[11] 刘健，张小庆，李品德，等．基于熄弧倍增原理的配电网单相接地故障处理 [J]. 电网技术，2016，40 (11)：3586-3590.

[12] 李雷，罗容波，王岩，等．基于 10kV 配电网 PT 频繁故障的仿真与改进措施研究 [J]. 电力系统保护与控制，2014，42 (14)：132-137.

[13] 陈绍英，葛栋，常挥，等．配电网超低频振荡的仿真计算研究 [J]. 高电压技术，2004，05 (8)：18-22.

[14] 吉兴全，朱仰贺，韩国正，等．中压配电网低频振荡仿真分析及消谐措施 [J]. 电网技术，2016，40 (8)：2451-2455.

[15] 梁兆文．配网 PT 熔断器频繁熔断原因及解决措施研究 [D]. 广州：华南理工大学，2016：12-13.

[16] 刘健，芮骏，张志华，等．智能接地配电系统应用关键技术 [J]. 供用电，2017，34 (5)：28-32.

[17] "Detection of Downed Conductors on Utility Distribution System", IEEE PES Tutorial Couese 90EH0310-3-PWR，1989.

[18] 李景禄．电力系统安全技术 [M]. 北京：中国水利水电出版社，2009：173-174.

第 9 章

单相接地选线和定位性能测试技术

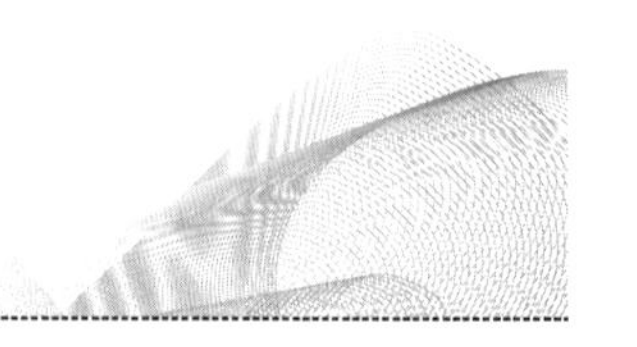

科学、有效的测试技术手段和测试装备是确保各类单相接地故障选线和定位系统建设质量的关键，对于推动单相接地选线和定位技术的实用化进程具有重要意义。本章即论述配电网单相接地选线和定位性能的测试技术。

9.1　单相接地故障现象的模拟

在配电网单相接地选线和定位性能测试方面，可以考虑的单相接地故障现象模拟方法有两类：一类是二次注入模拟方法，即仿真计算出单相接地时的电压、电流波形，然后通过功率放大器将该波形注入单相接地故障选线或定位系统的二次侧，模拟单相接地故障现象进行测试；二类是现场单相接地试验模拟法，通过在 10kV 馈线上产生一个与实际类似的单相接地现象，检验各种原理的单相接地故障选线和定位系统的性能。

二次注入模拟方法已经广泛应用于配电自动化系统的相间短路故障处理能力测试[1]，有效保障了配电自动化系统的工程建设质量，但是，二次注入模拟方法应用于配电网单相接地定位性能现场测试存在一些问题：

（1）对于一些原理，比如 S 信号注入法、残流增量法和中性点投入电阻增大零序电流的方法[2-4]，二次注入模拟方法在对单相接地发生后中性点侧装置的动态动作过程进行跟踪模拟时存在较大困难。

（2）需要的二次模拟测试设备数量太多、测试工作量太大。与相间短路测试时只需对故障所在馈线上故障点上游的终端从二次注入故障波形的做法不同，当发生单相接地时，不仅接地馈线、而且接地馈线所在母线上引出的所有馈线上的定位装置的二次侧都需要注入故障电流波形、有的原理还需要注入故障电压波形。按照设计规程，一段母线可引出 7 条 10kV 馈线，每条馈线按照分 3 段计算，就需要对位置分散的 21 处定位装置的二次侧分别接入一台二次模拟测试设备并同步注入故障波形，其可行性较差。

（3）构建准确的数学模型对电弧进行分析比较困难，对于一些单相接地故障情形，如间歇性电弧接地，数字仿真手段不容易得出接近实际的波形，从而影响二次模拟方法的测试效果。

（4）注入信号的差异度大。针对不同单相接地定位原理需要注入不同的信号，有的是奇异信号，有的是稳态信号，有的是暂态信号，而且频带要求也差异很大。

相比之下，在现场运行的馈线上直接制造单相接地，考察已经建设的单相接地选线和定位系统的响应情况，不仅简单易行、完全真实，而且对任何单相接地定位原理都普遍适用，是进行单相接地定位能力现场测试的合适方法[5-6]。

现场单相接地试验模拟方法的原理接线图如图 9.1 所示。图 9.1 中，断路器 1 用于控制接地电阻、可控弧光放电装置的投切，断路器 2 用于旁路可控弧光放电装置。

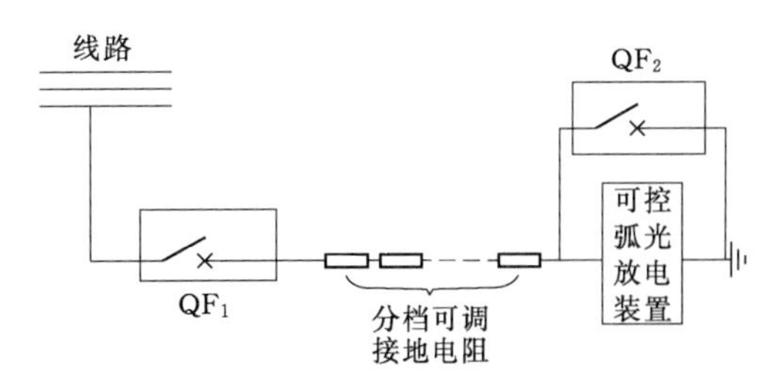

图 9.1 现场单相接地试验模拟方法原理接线图

试验过程中可控制 QF_2 分闸投入可控弧光放电装置模拟稳定电弧接地或间歇性电弧接地现象，也可控制 QF_2 合闸旁路可控弧光放电装置，模拟无电弧的单相接地现象。

试验时，QF_1 合闸开始单相接地试验，QF_1 分闸结束单相接地试验。通过控制 QF_1 的合闸—分闸时间，可以发生瞬时性单相接地（持续时间短）或永久性单相接地（持续时间长）故障现象。

通过控制 QF_1 和 QF_2 的分、合闸时序，即先将可控弧光放电装置投入一段时间后再将其旁路掉，可实现由弧光接地演变为单相直接接地故障过程的模拟。

分档可调电阻器用于模拟经各种不同过渡电阻接地的情形。

9.2 可控弧光放电装置

现场单相接地试验模拟法的关键需要做到对不同类型单相接地故障所伴随的电弧现象的准确模拟，可控弧光放电装置即实现上述功能。

由于现场实际弧光接地既可能是持续弧光放电，也可能是间歇弧光放电，并且弧光放电的燃弧、熄弧持续时间，间隔时间和放电次数也不尽相同，因此可控弧光放电装置对于弧光放电的模拟，需能控制发生放电的相位、电弧熄灭的快慢、发生放电的频率等特征。

可控弧光放电装置可以采用多种方法实现，比如：旋转电极法[7]、电力电子开关控制法、电子引弧法等，本节仅对旋转电极法的组成和工作原理进行论述。

基于旋转电极法的可控弧光放电装置的组成如图 9.2 所示。

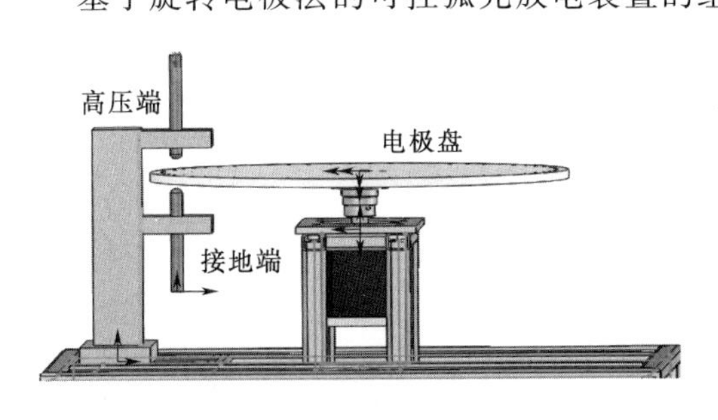

图 9.2 可控的弧光放电装置

图 9.2 中，上导电棒是高压端，试验中接相线，下导电棒接地，电极盘为直径 50cm 的圆盘，沿电极盘一周均匀分布有 10 个导电柱，由电机带动电极盘转动，通过控制导电柱在相电压正负半周峰值附近转入上下导电棒之间的间隙引发弧光放电来模拟弧光放电的相位特性，通过控制电极盘的转速来决定导电柱转入上下导电棒之间的时间间隔来实现对弧光放电频率的控制，同时通过对电极盘转速的控制还可以改变电弧被拉升的速度以改变电弧熄灭的快慢。

可控弧光放电装置典型的工作模式包括三种。

1. 双极放电

相电压在正负半周峰值附近时，均发生电弧放电，这是一种最为典型的间歇性弧光接地，实现方法为：

（1）第一步：可控弧光放电装置监测电网电压的实时波形和频率，并根据设定的双极放电模式，计算电极盘的转速控制目标，以电网电压频率50Hz为例，为了保证波峰和波谷时都有导电柱转到上下导电棒之间，电极盘转速控制目标为：$50\times2\times60/10=600\mathrm{r/min}$。

（2）第二步：启动电机，上下导电棒先不带电，待电极盘转速稳定在600r/min以后，装置上的位置传感器检测导电柱与上下导电棒之间的相对位置，并与实时电网电压波形进行对比，之后通过对上下导电棒的位置进行平移调整，保证导电柱在电网电压正负半周峰值附近时转到上下导电棒构成的间隙中间。

（3）第三步：待完成导电柱与上下导电棒之间相对位置的校正并稳定一段时间之后，通电，试验正式开始。

通过采用上述控制方法，通常能够确保在相电压正负半周峰值附近导电柱转到上下导电棒之间引发电弧放电，但是考虑到电机转速控制的精确度以及间隙的稳定性等因素的影响，上述控制会存在一定的偏差，该偏差大约在10°以内。

双极放电模式下，由于电极盘转速较快，每次电弧放电之后通常在第一个高频电流过零点之后就会很快熄弧。

2. 单极放电

相电压在正半周峰值或负半周峰值附近时，引发电弧放电，实现方法与双极放电类似，只是电极盘转速相比双极放电模式要慢1倍，仍以电网电压频率50Hz为例，电机转速控制目标为300 r/min。

单极放电模式下，每次电弧放电之后也是在第一个高频电流过零点之后很快熄弧。

3. 不完全熄弧下的弧光接地

由于放电电极距离较近，电弧通过振荡衰减后没有完全熄灭，存在一个较小的持续性的工频续流的现象，这也是一种较为常见的间歇性弧光接地故障。实现方法为：电极盘导电柱在波峰或波谷时转至高压电极和接地电极中间，引发系统在波峰或波谷发生电弧接地。通过调整电极盘导电柱大小及电极盘的转速，减弱该装置的熄弧能力，以产生不完全熄弧下的弧光接地现象。该现象不同于稳定的工频续流电弧，其特点是电弧电流在发生放电时到达最大值，而后振荡衰减并不完全熄灭。

9.3 移动式单相接地现场测试装备

借助移动式单相接地现场测试装备可以方便地在现场开展单相接地故障处理性能测试，并配备充分的安全防护措施。

移动式单相接地现场测试成套装备的设备配置如图9.3所示，其基本组成应包含熔断器、隔离开关、电流互感器、10kV断路器1、大容量接地电阻器、可控弧光放电装置、10kV断路器2、接地极以及控制保护设备等关键部件。为了便于在现场开展单相接地试验，可对单相接地现场测试成套装备采用集成化设计，将如图9.3所示的全部元件集成至集装箱内，具有可靠的保护和工作接地点、良好的防尘密封和防雨密封性能。

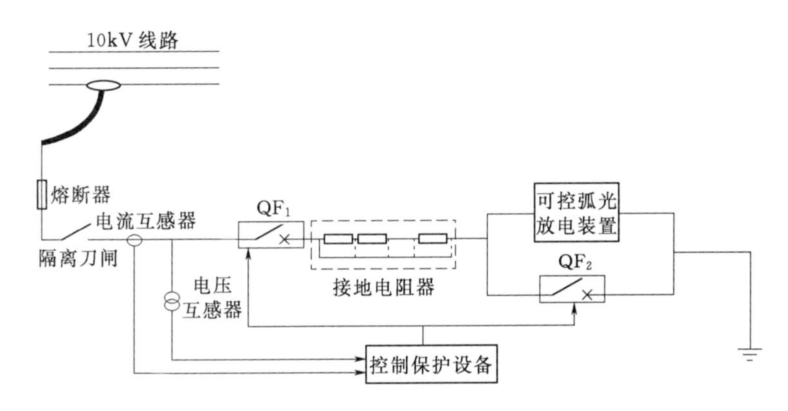

图 9.3 移动式单相接地现场测试成套装备

试验过程中，控制保护设备控制 QF_1 和 QF_2 的分、合闸时序，实现金属性单相接地、经过渡电阻接地、弧光接地、经不同时间的发展性单相接地、瞬时性单相接地和永久性单相接地的故障精确模拟。

在试验安全防护方面，控制保护设备兼具有过流保护功能，通过电流互感器采集接地点电流，测试过程中如正常相绝缘破坏发生两相对地短路，则可快速切除测试装置。

为了模拟经不同过渡电阻单相接地的情形，大容量接地电阻器采用分档设计，例如，若需模拟 0～1000Ω 范围内的接地过渡电阻时，可由 2 组 5×100Ω 电阻器组成该大容量电阻器，实现档距为 100Ω，0～1000Ω 分档可调。

可控弧光放电装置可采用 9.2 节所述装置，也可以采用基于其他原理的装置，但是需具备可控制模拟发生弧光放电的相位、电弧熄灭的快慢、发生放电的频率等基本特征。

9.4 用于单相接地故障处理性能检测的真型配电网试验平台

移动式单相接地现场测试装备主要用于对配电网的单相接地故障处理性能进行现场测试，真型配电网试验平台的作用则是对各种单相接地选线和定位的方法、装置和系统的性能进行实验室测试。

9.4.1 试验平台系统结构

用于单相接地性能检测的 10kV 真型配电网试验平台原理示意图如图 9.4 所示。

由于直接引入 10kV 试验电源比较困难，试验平台通常引入 380V 电源，再通过升压变压器升至 10kV。

为了揭示单相接地故障在不同线路和同一线路不同区段的电气量特征表现，并配合单相接地故障选线和定位功能测试的需求，试验平台在 10kV 侧通常需包含多条模拟出线以及至少在其中一条出线上划分出多个模拟区段。

为了模拟负荷电流对于单相接地故障特征的影响，通常在每条模拟 10kV 出线上需配置一定容量的模拟负载。

为了模拟不同中性点接地方式，试验平台一般同时配置消弧线圈柜、小电阻接地柜，

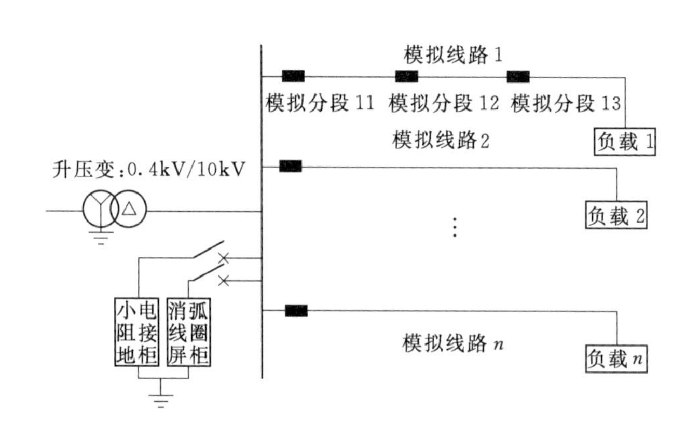

图 9.4　10kV 真型配电网试验平台原理示意图

■—采集监控装置

可根据试验需要采取不接地、经消弧线圈接地或经小电阻接地方式。

为了保证试验过程的安全性，以及为了完整记录试验过程的相关波形数据，试验平台还需配置完备的采集、监测和保护设备，各条出线处、分段处、分支处均应配置真空断路器、三相电压互感器、三相电流互感器及零序电流互感器以及线路保护装置、录波装置。

9.4.2　线路参数模拟

真型配电网试验平台模拟线路通常采用集中参数柜等效替代实际电缆或架空配电线路，线路集中参数柜原理如图 9.5 所示，每台集中参数柜由电阻、电感、电容构成，根据所设定模拟的线路型号及长度，配置相应的电阻、电感、电容的值，例如，图 9.5 中所示参数值为模拟长度 2km 的 10kV 120mm^2 铝三芯交联聚乙烯绝缘电缆，各项参数值分别为：电阻值 0.506Ω，电感值 0.6356mH，电容值 0.5206μF。

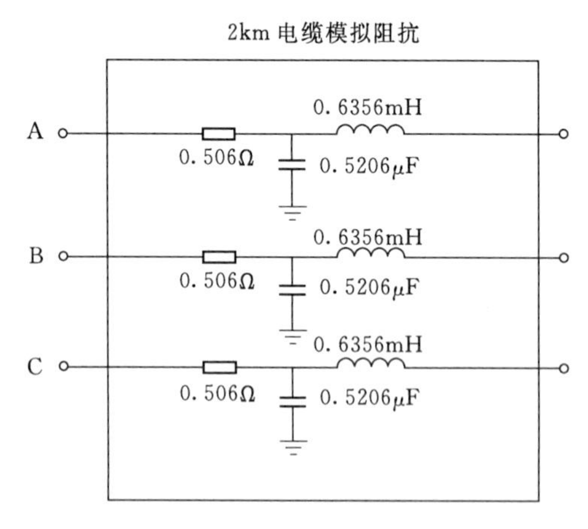

图 9.5　线路集中参数柜原理图

当真型配电网试验平台由于受到场地条件限制，无法配置多台集中参数柜模拟足够条数的出线的情形下，也可以采用将母线所带其余出线等效为集中参数电容柜，而仅保留 1 条试验线路的方式。

为了模拟不同系统规模（电容电流水平）配电系统的单相接地故障特征，母线等效对地电容柜通常会配置成多组合、可切换的模式。例如，采用如图 9.6 所示等效对地电容柜模拟母线所带其余出线，其中一组 1.3015μF 的三相电容器用于模拟替代 5km 长度 120mm^2 铝三芯交联聚乙烯电缆的等效对地电容，一组 2.6030μF 的三相电容器用于模拟替代 10km 长度电缆的等效对地电容，两组 3.9045μF 的三相电容器用于模拟替代 15km 长度电缆的等效对地电容，通过接触器控制 4 组电容柜的投切组合，可实现长度为

5～45km的电缆等效对地电容的模拟，最大可模拟45km的10kV $120mm^2$ 铝三芯交联聚乙烯绝缘电缆的等效对地电容。

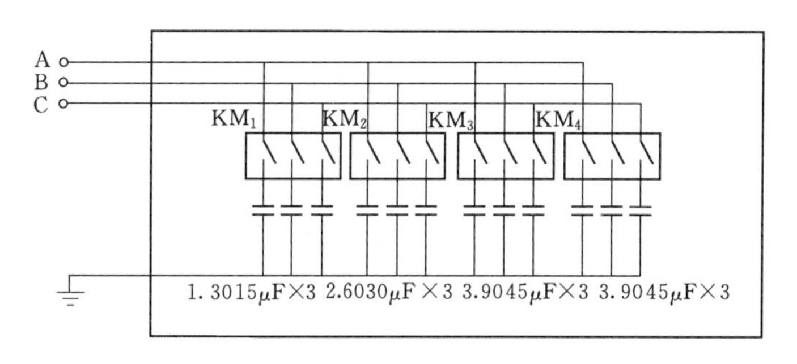

图9.6 母线等效电容柜原理图

9.4.3 接地故障模拟

真型试验平台对于典型单相接地故障的模拟，除了可以采用移动式单相接地现场测试装备方便地模拟各种典型类型的单相接地故障外，在缺乏成套设备的条件下，也可以采用以下简易方式来开展测试工作：

（1）通过采用在接地回路中串入可调空气间隙的方式模拟弧光接地。

（2）采用改变接地回路串入电阻的阻值的方式模拟金属性接地和非金属性接地。

（3）采用接入缺陷电缆、潮湿污秽绝缘子等模拟绝缘破坏导致贯穿性击穿接地现象。

（4）通过采用开关控制持续接入或短暂接入接地回路的方式模拟永久性单相接地故障、瞬时性单相接地故障。

9.5 测试应用举例

9.5.1 真型配电网试验平台测试应用举例

在第9.4节所论述的真型配电网单相接地故障试验平台中利用第9.3节所述的移动式单相接地现场测试成套装备模拟单相接地故障现象，可以对各种单相接地选线、定位和保护装置的性能进行检验。

以某次真型配电网试验平台针对基于暂态量参数识别和相电流突变两种新原理的单相接地故障检测终端开展的测试应用为例，图9.7所示为用于该次测试的真型配电网试验平台系统结构图。

1. 参数配置

三台电缆集中参数柜的参数值相同，均为：电阻值为0.506Ω、电感值为0.6356mH、电容值为0.5206μF，分别用于模拟一段长度为2km的10kV $120mm^2$ 铝三芯交联聚乙烯绝缘电缆。

根据产品说明，作为被测对象的基于暂态量参数识别和相电流突变两种新原理的单相接地故障检测终端具有不受系统规模影响的优点，测试时选取相对极端的条件，母线等效

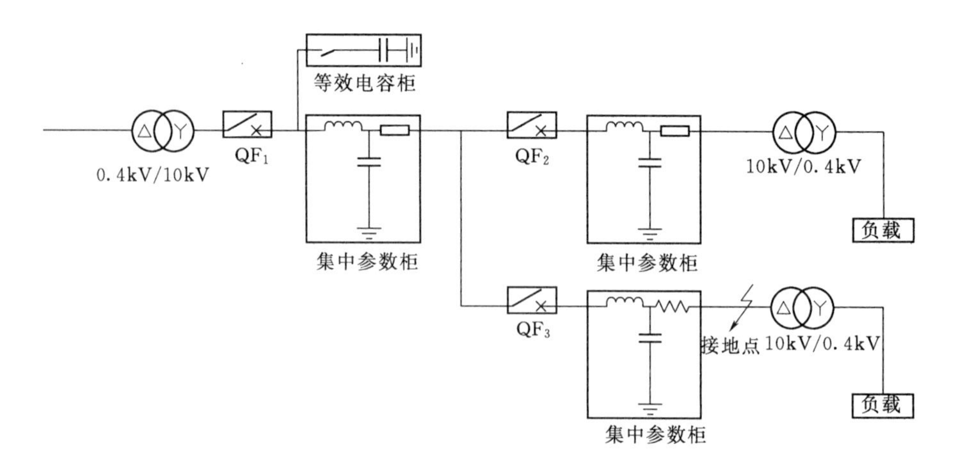

图 9.7 测试案例真型配电网试验平台系统结构图

电容柜仅投入一组 1.3015μF 的三相电容器用于模拟替代 5km 长度的电缆。

2. 测试方案

结合该次测试目标，选择在 QF_2、QF_3 处分别安装 1 台同时内置有参数识别和相电流突变两种原理的单相接地故障检测终端。

在如图 9.6 所示的拟定接地点采用移动式单相接地现场测试成套装备开展测试，对于 QF_2 处的单相接地故障检测终端而言，试验接地点位于其上游，对于 QF_3 处的单相接地故障检测终端而言，试验接地点位于其下游。

模拟单相接地故障类型包括：C 相金属性单相接地、过渡电阻 500Ω 的非金属性单相接地、间歇性弧光接地试验。

3. 波形记录及测试结论

测试过程中，在 QF_3 处的故障录波波形如图 9.8 所示。测试中相电压互感器变比为 100/1，零序电流互感器变比为 50/5，零序电压互感器变比为 100/1。

几种典型接地故障类型下，QF_2 和 QF_3 处终端动作情见表 9.1。

表 9.1　　现场试验终端动作情况

接地类型	QF_2 终端	QF_3 终端		
	相电流突变法	参数识别法	相电流突变法	参数识别法
金属性接地	不动作	不动作	动作	动作
500Ω 接地	不动作	不动作	不动作	动作
间歇性弧光接地	不动作	不动作	动作	动作

注　表中“动作”表示终端检测到单相接地故障位于其下游；“不动作”表示终端未检测到单相接地故障位于其下游。

测试结果表明：QF_2 和 QF_3 处终端参数识别原理单相接地故障检测结果全部正确，可以正确定位出单相接地点位于 QF_3 下游；QF_3 处终端相电流突变原理在 500Ω 过渡电阻接地时单相接地故障检测结果错误。

根据测试结果，设备厂家人员结合仿真型试验平台录波数据并调取装置运行数据进行

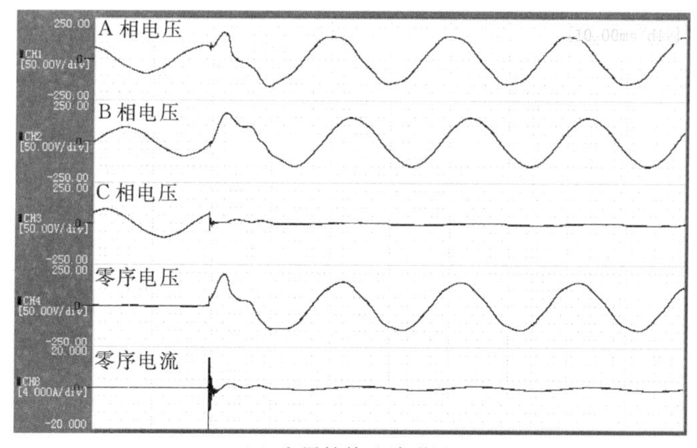

(a) 金属性接地波形图

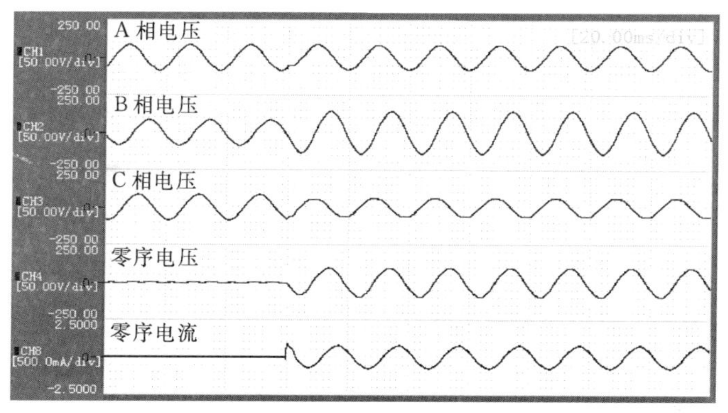

(b) 过渡电阻 500Ω 的非金属性接地波形图

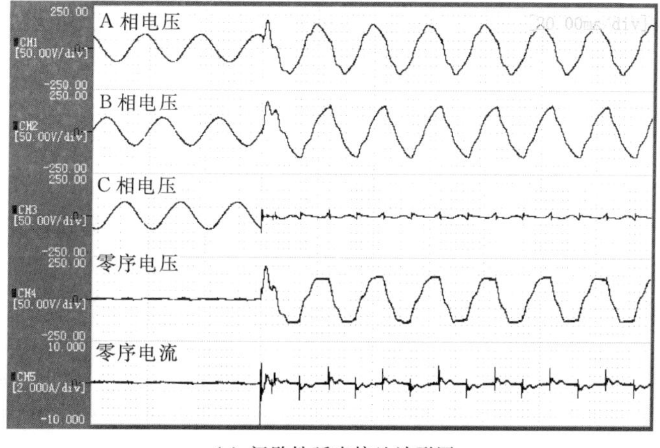

(c) 间歇性弧光接地波形图

图 9.8 测试案例录波波形图

分析，在对终端定值进行了适当调整之后，再次进行上述几种类型的单相接地试验，相电流突变原理单相接地故障检测结果全部正确。

9.5.2 单相接地故障处理性能的现场测试应用举例

以西安供电公司东郊 110kV 洪庆变电站 191 洪庆一线现场单相接地测试为例。如图 9.9 所示，西安供电公司东郊 110kV 洪庆变电站 191 洪庆一线，总长 79390m，为架空裸线，属于单相接地多发线路，在变电站出线开关 CB_1 以及各馈线分段开关配套安装具有单相接地检测功能的 FDR－115 智能动作型馈线终端，具有单相接地检测功能的 FTU 检测到接地信息后通过无线公网通信网络上传配电自动化主站，主站升级具有单相接地故障判断功能的故障处理软件，在主站实现单相接地故障区段定位及处理。

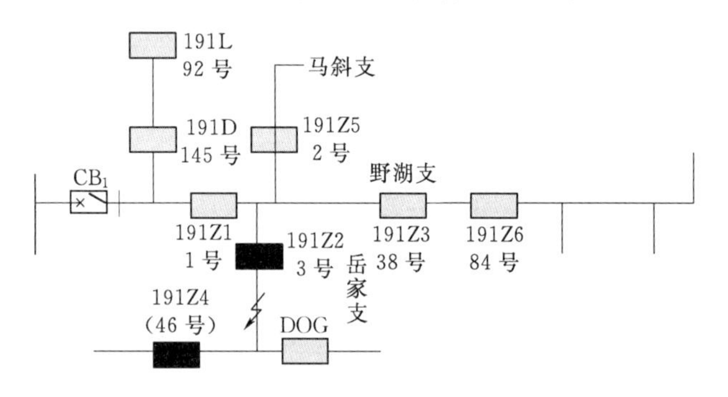

图 9.9 191 洪庆一线单相接地定位终端布置示意图

为了对洪庆一线所配置的单相接地区段定位系统的性能进行测试验证，采用移动式单相接地现场测试装备在 191Z2 开关与 191Z4 开关之间开现场单相接地试验，所具体开展的试验项目包括金属性接地、非金属性接地（过渡电阻 500Ω）、非金属性接地（过渡电阻 1000Ω）、弧光接地。

（1）金属性单相接地，191Z2 开关处波形记录如图 9.10 所示。

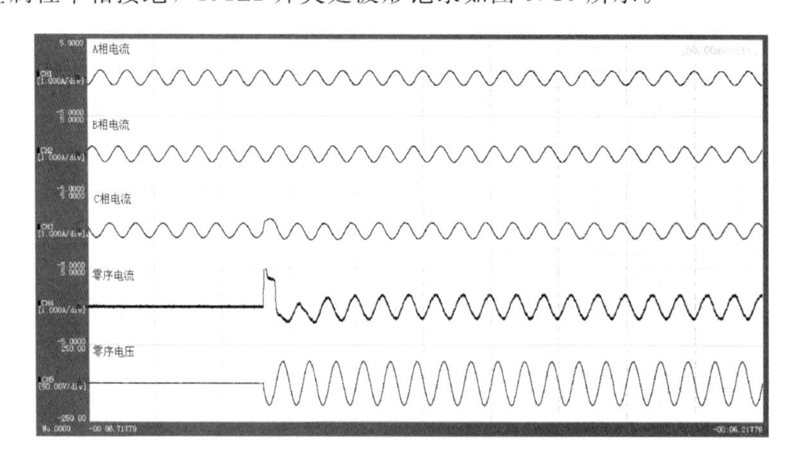

图 9.10 金属性单相接地 191Z2 开关处波形记录

（2）1000Ω 非金属性单相接地，191Z2 开关处波形记录如图 9.11 所示。

（3）500Ω 非金属性单相接地，191Z2 开关处波形记录如图 9.12 所示。

（4）弧光接地，191Z2 开关处波形记录如图 9.13 所示。

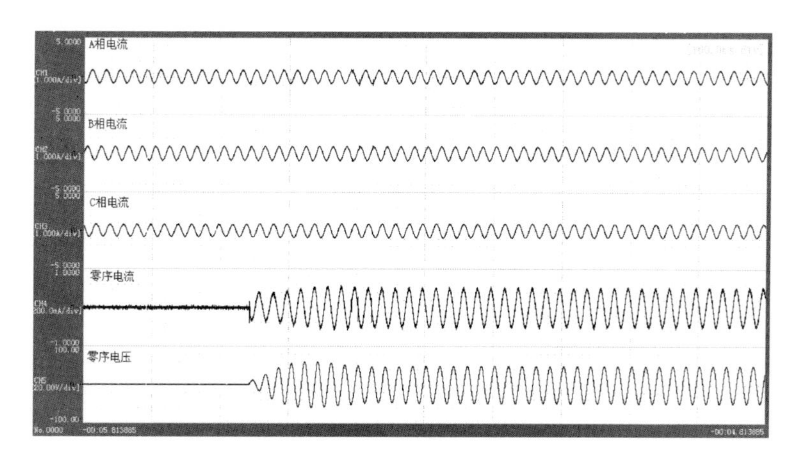

图 9.11　非金属性单相接地 191Z2 开关处波形记录（1000Ω）

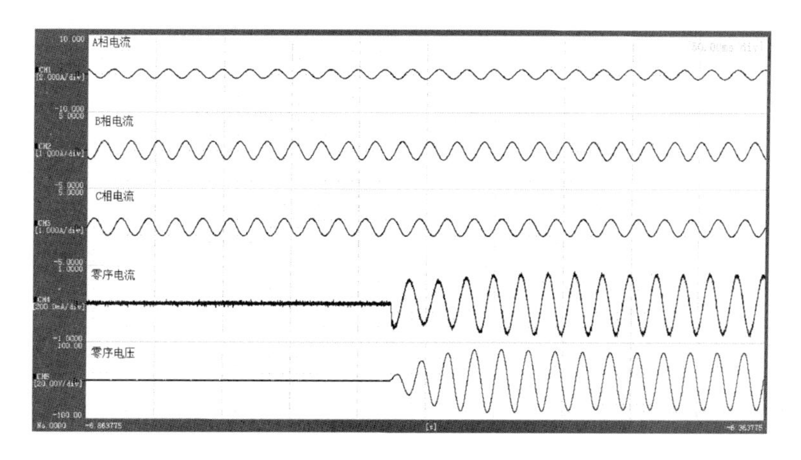

图 9.12　非金属性单相接地 191Z2 开关处波形记录（500Ω）

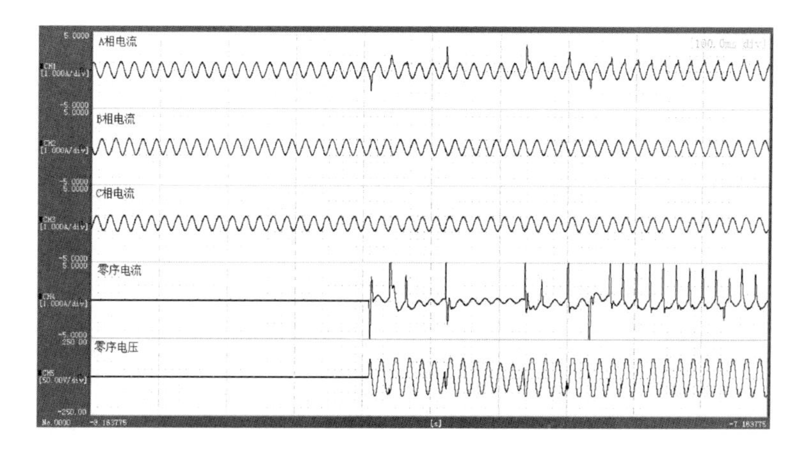

图 9.13　弧光接地 191Z2 开关处波形记录

上述金属性接地、非金属性接地（过渡电阻 500Ω）、非金属性接地（过渡电阻 1000Ω）、弧光接地条件下，191Z2 开关与 191Z4 开关处 FDR－115 智能终端动作情况及主站区段定位结果见表9.2。

表9.2　191Z2开关与191Z4开关之间单相接地试验测试结果

序号	被测装置	技术要求	试验结果	判定结论
1	191Z2处配电终端	区内故障报警	金属性接地、非金属性接地（过渡电阻500Ω）、非金属性接地（过渡电阻1000Ω）、弧光接地条件下均正确报警	正确
2	191Z4处配电终端	区外故障不报警	金属性接地、非金属性接地（过渡电阻500Ω）、非金属性接地（过渡电阻1000Ω）、弧光接地条件下均未报警	正确
3	配电自动化主站	正确定位接地故障	定位接地故障位于191Z2开关与191Z4开关之间	正确

通过测试，验证了在金属性接地、非金属性接地（过渡电阻500Ω）、非金属性接地（过渡电阻1000Ω）、弧光接地条件下，FDR－115智能终端单相接地故障检测性能及主站单相接地区段定位性能均满足要求。

9.6　本章小结

（1）已经广泛应用于配电自动化系统的相间短路故障处理能力测试的二次模拟测试方法不适合应用于单相接地选线和定位性能测试。现场单相接地试验测试方法在现场运行的馈线直接制造单相接地，是进行单相接地选线和定位性能现场测试的合适方法，它对任何单相接地定位原理都普遍适用。

（2）现场单相接地试验测试方法的关键在于可控弧光放电装置，可控弧光放电装置能够控制模拟发生放电的相位、电弧熄灭的快慢、发生放电的频率等特征。

（3）基于可控弧光放电装置的移动式单相接地现场测试成套装备采用集成化设计，并且配备充分的安全防护措施，能够在现场方便地发生稳定电弧接地、间歇性电弧接地、金属性接地、经各种过渡电阻接地、永久性接地、瞬时性接地等单相接地现象。

（4）采用集中参数柜等效替代实际电缆或架空配电线路的真型配电网试验平台可以满足原理验证、设备研发、入网检测等阶段的单相接地选线和定位性能的实验室测试需求。

本章参考文献

[1]　刘健，张小庆，赵树仁，等．主站与二次同步注入的配电自动化故障处理性能测试方法［J］．电力系统自动化，2014，38（7）：118－122.

[2]　王慧，范正林．“S注入法”与选线定位［J］．电力自动化设备，1999，19（3）：18－20.

[3]　王倩，王保震．基于残流增量法的谐振接地系统单相接地故障选线［J］．青海电力，2010（1）：50－52.

[4]　陈维江，蔡国雄，蔡雅萍，等．10kV配电网中性点经消弧线圈并联电阻接地方式［J］．电网技术，2004，28（24）：56－60.

[5]　周志成，付慧，凌建，等．消弧线圈并联中阻选线的单相接地试验及分析［J］．高电压技术，2009（5）：1054－1058.

[6] 吕军，陈维江，齐波，等.10kV配电网经高阻接地方式下过电压及接地故障选线［J］.高电压技术，2009，35（11）：2728-2734.
[7] 刘健，张小庆，申巍，等.中性点非有效接地配电网的单相接地定位能力测试技术［J］.电力系统自动化，2018，42（01）：138-143.

第10章

单相接地隐性故障查找的解决方案

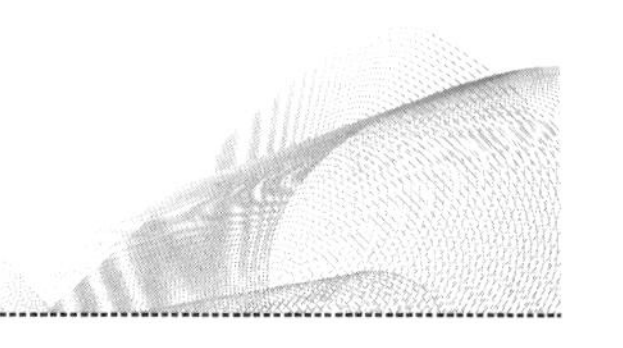

配电网络范围广，线路的数量也非常庞大。在线路发生接地故障时，有效快速地查找到故障位置、排除故障，并且尽快恢复供电，对可靠保障供电具有重要作用，也能提高用户体验。即使在沿线安装了配电终端和故障指示器的馈线，借助这些自动化装置也只能将故障定位到区域，而要想准确找到故障位置，仍需要借助人工查线。国内中压配电线路以10kV为主，相对于短路故障而言，单相接地故障的故障位置更不易发现。运维人员在查找故障时若没有有效的故障点定位方法和设备，就只能采用全线路排查，推拉试送的方法，故障处理时间长。尤其是对于瓷瓶击穿、避雷器击穿等隐蔽性接地故障，通常需要至少1～2天才能确定故障位置，极大地影响了供电可靠性。

目前行业内有很多解决此类故障的方案，主要是故障测距法、在线监测法和信号注入法。故障测距法受线路阻抗、线路负荷和电源参数的影响较大；对于带有多分支的农网配电线路，阻抗法无法排除伪故障点，并且该方案投入成本高，故障点并不能精确测量，不满足农网的使用环境；由于配网线路结构复杂，在线监测法中定位故障点的测量设备需求太多，投资较大；信号注入法不受农网配电线路复杂因素干扰，接地线路注入特定频率的电流信号，用信号寻迹原理即可实现故障点定位，是现有研究情况下最有效的一种故障定位方法。

本章主要论述基于信号注入法的配电网单相接地故障查找方法及其辅助工具。

信号注入法面临的主要问题是线路分布电容的存在对检测电流的影响。由于线路分布电容随线路长度变化，特别是线路较长且接地阻抗较大的情况下，受线路分布电容电流的影响，可能会出现非接地侧信号强度大于接地侧信号强度，从而影响故障位置的判断。

鉴于农网配电线路故障率高，排除故障困难，本章论述一种改进的三相短接注入法，可以有效解决传统信号注入法的缺点，对接地故障尤其是高阻接地故障，能够有效的定位。同时针对线路出现接地故障时为了能够定量检测接地回路电阻，论述了一种接地阻抗测量方案。最后论述基于三相短接注入法和接地阻抗测量的实用型工程应用案例。

10.1 改进的三相短接注入法

传统三相信号注入法受线路分布电容的影响很大，由于注入的交流信号会经线路分布电容与大地构成回路，所以在向线路注入信号时，故障线路上同时会有分布电容电流和接地电流，对接地电流的检测与判断不可避免地会受到线路分布电容电流的影响。尤其是当发生高阻接地时，接地电流很小，与线路分布电容电流区分度不高，容易导致出现误判。

三相短接信号注入法是将三相线路短接后同时注入S信号。由于线路分布电容、分布电感三相基本平衡，所以三相线路对于注入信号来说三相分布电容电流是基本相等。判断时只需要观察三相电流是否平衡，电流偏大的其中一相就是接地相。这就排除了因线路电容的存在而对故障点确定时的干扰。三相短接注入对于配变而言由于三相绕组相互对称，所以可以不予考虑其产生的影响。由此可以得出注入信号有以下分布特征：

（1）在信号注入点非接地侧，三相电流基本平衡。

（2）在信号注入点接地侧，信号注入点和接地点之间的路径上的接地相电流大于其他非接地相电流，三相电流不平衡；在该路径之外的线路上的三相电流基本平衡。

根据注入信号在线路上的上述分布特征即可进行故障点的查找和定位。

三相短接注入法示意图如图 10.1 所示。

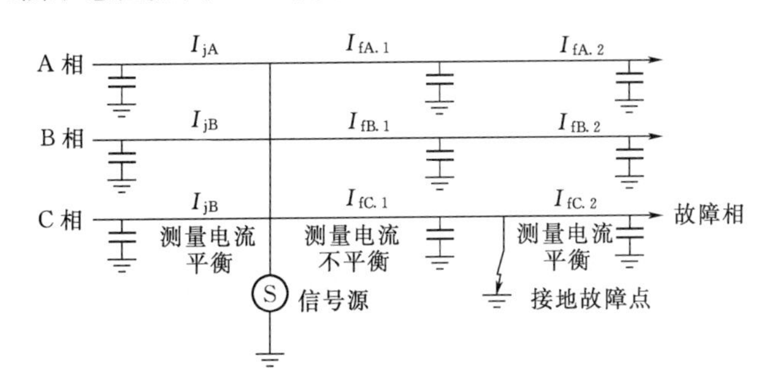

图 10.1 三相短接注入法示意图

通过以上的分析不难发现，采用三相短接注入法定位故障时，是通过比较三相电流的是否平衡。由于三相的分布电容基本相等，所以分布电容电流也基本平衡，故电流偏大的一相（按照经验，差值在 2mA 以上）就是接地相。相对于传统的信号注入法，这种方法无论是低阻接地还是高阻接地，都可以很好避开线路电容的存在而带来的误判风险。而且由于只需要判断注入电流是否平衡，与值的大小无关，所以信号注入电流值的大小不会影响故障定位的精度，这就对信号源注入设备功率要求降低，从而减轻设备重量和体积，适用于轻量化设计方案。在实际使用过程中，不仅体积小重量轻，而且在信号采集侧增加了带通滤波电路，提高了抗干扰能力。为电网人员减轻负担，缩短故障排除时间。

10.2 接地阻抗测量方法

目前业内普遍使用高压直流法测量接地阻抗。高压直流法的基本原理依据欧姆定律 $R=U/I$，只不过其输出的为高压脉动直流电流。通常情况下，我们要得到一个具有一定功率的高压纯直流电流，是通过对高压交流电流进行全波整流得到脉动高压直流，再对脉动高压直流进行滤波得到高压纯直流电流。要对一定功率的脉动直流进行滤波需要比较大的电容，这在设计上不易实现。这种方案在实施过程中存在着弊端，很难实现一个具有一定功率的高压纯直流电流输出。即使能够实现，也不符合小型化轻量化的需求。

为了减轻产品重量现采用不经滤波的高压脉动直流法，即高压交流经全波整流后直接注入线路。信号源注入带有谐波分量的脉动直流信号后，由于线路分布电容的存在，谐波分量 I_C 会通过分布电容流到大地（图 10.2），一般在测量时会误把谐波分量 I_C 加到 I_R

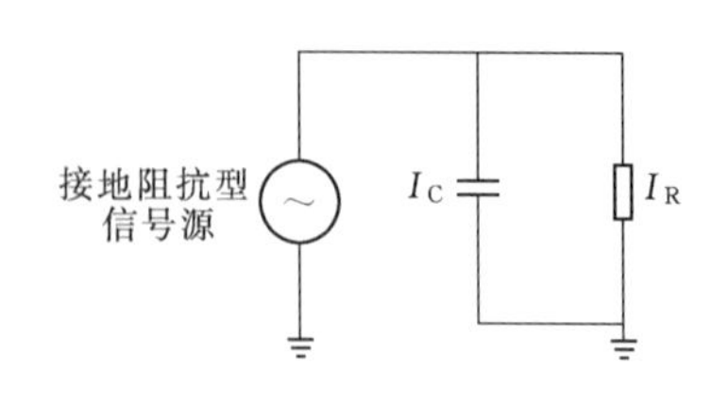

图 10.2　高压脉动直流阻抗测试方法的测量电流成分构成示意图

中，使得接地阻抗回路的电流出现偏差，进而导致接地阻抗测量出现偏差。为了能够有效地解决此问题，将混有谐波成分的接地阻抗电流采样前，在信号调理部分增加低通滤波器环节进行滤波，达到对 I_R 中混有的 I_C 进行去除，来确保接地阻抗测量准确性。经过大量实验证明，这种方案设计简单，能够准确地测量出接地电流，不会受到分布电容电流的影响。

通过改进的高压脉动直流法，在设计上采用轻量化的脉动直流方案。使其具备在接地故障巡检过程中，对线路是否接地、接地阻抗大小能够进行定量判断。在发生接地故障时首先通过接地阻抗测量功能测量接地阻抗，初步判断有无故障，是金属接地还是高阻接地，对线路故障情况有一个初始判断；然后再对线路注入S信号进行测量。通过测量接地阻抗提高了基于三相短接S信号注入法在接地故障巡查中的巡查成功率，同时也进一步间接的缩短接地故障巡查时间，缩短线路停电时间。

10.3　实用型单相隐性接地故障解决方案

10.3.1　二分法故障点定位原理

二分法就是一种通过不断的排除非故障区段，缩小故障区段范围，来最终找到故障点的一种方法。当配电线路发生单相接地时，使用信号发生部分在故障线路中间位置处三相短接注入一定功率的检测信号。此时通过信号检测部分分别测量注入点一侧的三相信号值，并将其转发给数据接收部分显示。若三相信号基本平衡则可判断为无接地，若某一侧其中两相信号基本相等，且另一相信号大于这两相信号，那么可判断此侧接地且接地相为信号最大的一相。通过第一次测量就可以排除一半的故障区段。在非故障侧继续使用二分法选择合适位置继续测量，很快就可以准确定位故障点。隐性故障查找方案示意图如图10.3所示。

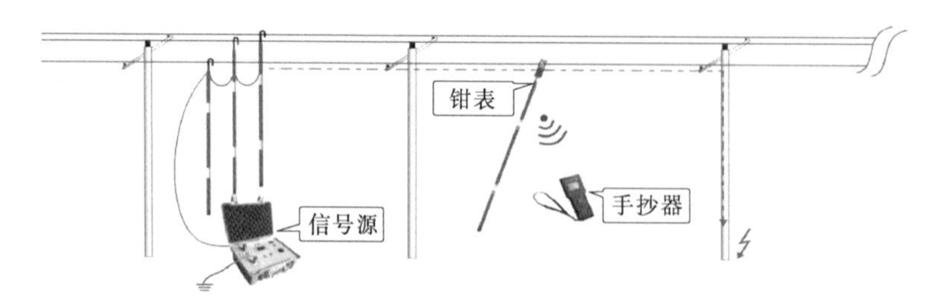

图 10.3　隐性故障查找方案示意图

从原理上来说，三相短接注入法即使是针对高阻接地故障，接地相的电流也会偏大，通过二分法也会很容易找出故障点。不仅如此，这种方案针对隐性接地故障（避雷器击穿，绝缘子击穿等）和高阻接地故障更是有明显优势。实际操作过程中，工作人员根据具体情况使用二分法，优先排除故障率高的区段，然后逐步缩小范围，最后确定故障点。

10.3.2 总体架构

隐性接地故障解决方案分成信号发生部分和信号采集部分。信号发生部分（简称信号源）采用内置锂电池的便携式手提箱设计，核心功能就是为线路注入S信号。为了提高操作的安全性，又将信号采集部分分为钳表和手抄器两部分，钳表将采集到的信号经过处理后通过无线方式发送到手抄器，最终在手抄器上显示测量结果。通过这种方法将高压线路与接收部分完全隔离，从而保证了操作人员的安全。

（1）信号源。信号源提供S信号的输出，它同时具备高压交流输出与高压直流输出。同时还具有电池电量监控，输出电流电压监控，异常情况报警等功能。高压交流输出进行接地故障巡检，高压直流输出进行接地阻抗测量。信号发生部分示意图如图10.4所示。

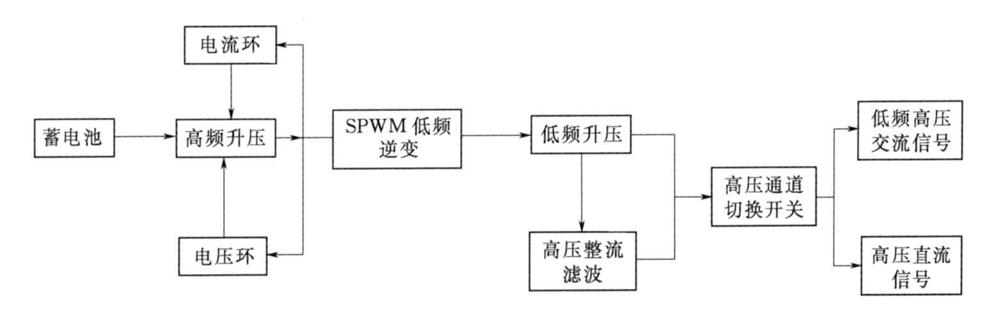

图10.4 信号发生部分示意图

信号发生部分通过SPWM低频逆变将蓄电池直流电转为低频的交流电。对低频的交流电进行低频升压，转换为更高的电压，达到上千伏，同时将此低频交流高压信号通过整流转变成高压脉动直流。高压直流与高压交流通过高压开关进行功能选择输出，如果选择高压交流输出，可进行接地故障巡查；若果选择高压直流输出，可进行接地电阻测量。信号源采用内置锂电池供电，并有完善的电池监测和保护功能，电池低电压时会有相应的报警信息，电池严重欠压时也会自动断电保护。内置精密电压电流采集电路，将采集到的信号输出到液晶屏上供工作人员参考，并实时监测输出信号是否正常，当信号有异常时，也会发出相应的报警信息。当测量接地阻抗时将采集到的电压电流信号进行调理并计算后得出接地电阻信息。

（2）钳表。钳表的测量原理就是电流互感器原理。为了能够准确又稳定的检测故障线路上的信号电流强度，必须要求信号检测部分具有很高的精度、分辨率以及稳定性，可以选择采用TA掩膜技术且具备闭口钳形结构的高压钳形电流表。数据采集原理框图如图10.5所示。

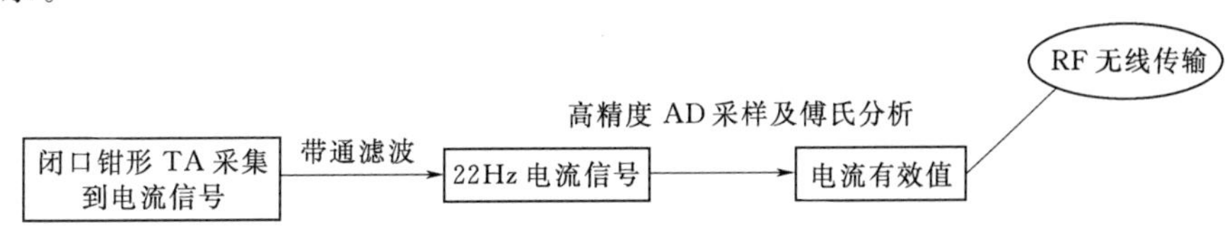

图10.5 数据采集原理框图

相较于传统信号检测部分（U形叉表或开口信号检测），由于高压钳流表采用闭口钳形TA，磁环路闭合，磁感应特性优越，因此在测量时具有非常高的稳定性，不会因为操作抖动、测量的位置变化等产生影响。为了防止高压线路干扰电流对测量的影响，此表加设了集成22Hz带通滤波器芯片，有效地消除了测量时谐波带入的干扰。通过12位的AD采样与傅式算法，可以将测量精度提升到0.1mA以上，完全能够满足我们对故障电流检测的要求。最后通过加设RF模块，使信号检测部分能够将检测到的数据通过RF协议转发到手抄器。

（3）手抄器。手抄器主要承担数据接收、数据保存与数据显示功能。接收来自钳表的无线信号并显示到液晶屏上，另外它还有数据保存功能，存储前面读取的数据，需要时可以随时调出前面保存的10组数据，以便于对数据进行分析。作为手持机设备必须考虑其低功耗设计，手持机采用了低功耗RF射频通信，以及LCD背光控制来实现低功耗要求。实现了手抄器长时间续航的问题，方便客户使用。

在发生接地故障尤其是隐性接地故障后，在停电状态下，使用信号源向线路注入一定功率的检测信号，该信号会通过接地点流向大地而构成回路，使用钳表在线路上检测信号，通过手抄器接收到的数据分析判断故障点方向与故障相别。使用二分法经过几次测量即可确定故障点。三者在实际操作过程中紧密配合，缺一不可。

10.4 工程实践及应用效果

10.3节论述的实用型单相隐性接地故障解决方案已经有几年的实际使用经验，经过几年的迭代更新，现在已经发展为成熟的产品。在实际使用过程中，据统计，实际故障排除时间由以前的1～2天缩短为平均用时45min左右。产品在全国各地大量使用，帮助电网人员提高了接地故障排除时间，减轻了工作量。更重要的是提升了供电可靠性。

1. 案例一

2015年12月某变电站128栋西线发生接地故障，工作人员接到信息时立即携带巡查助手前往现场查找接地故障。故障线路示意图及第一轮查找过程电流测量数据如图10.6所示。

根据故障线路实际情况，选择靠近中点的92号杆作为信号注入点。首先通过信号源接地阻抗测量功能测量是否存在接地，信号源显示输出电压为450V，电流42mA。所以此线路发生接地故障，接地阻抗值约等于10kΩ。根据阻抗值可以确定线路发生了金属接地。紧接着对线路注入检测信号并在两侧采集电流信号，得出测量数据如图10.6所示。根据检测结果可以看出，注入点变压器侧A、B、C三相电流平衡，由此判断为无接地。注入点负载侧A、B、C三相电流不平衡，且C相电流大于A、B相。由此判断接地点在栋西干线92号的负载侧，且接地相别为C相。根据判定的接地区间，保持信号源注入点不移动，使用二分法选择栋西干线135号杆（接地区间中间）作为检测点，在信号源输出信号后分别检测135号杆处A、B、C三相电流。

根据检测结果（图10.6），可以判断接地故障点在栋西干线135号杆的变压器侧。综合图10.6第一和第二个测试点的数据，可判断接地故障点在栋西干线92号杆与栋西干线

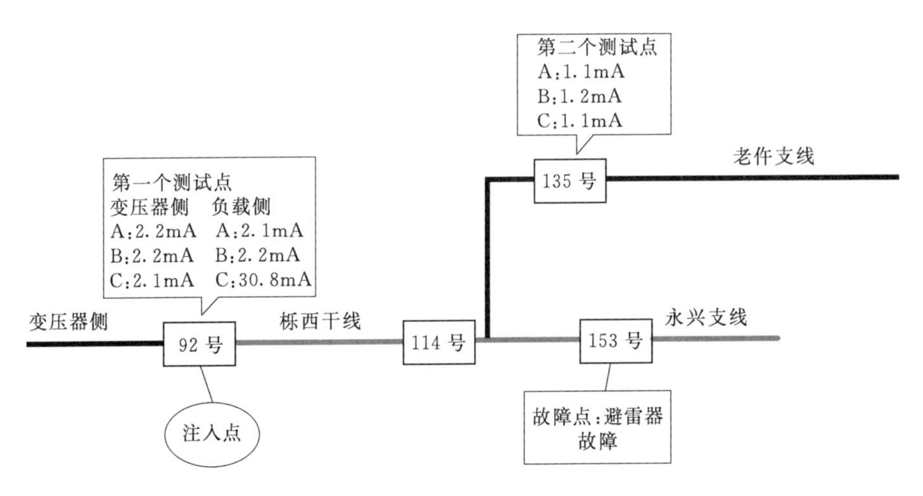

图 10.6 故障线路示意图及第一轮查找过程电流测量数据

135 号杆之间。根据前两次缩小的故障区间，使用二分法选择栎西干线 114 号杆、永兴支线 153 号杆作为检测点（图 10.7）。根据检测结果不断缩小接地区间，发现在 153 号杆两侧测量结果明显不同，确定 153 号杆上发生接地故障，仔细排查后发现故障原因是避雷器内部击穿（外观并未见异常）。工作人员及时排除故障并恢复供电。

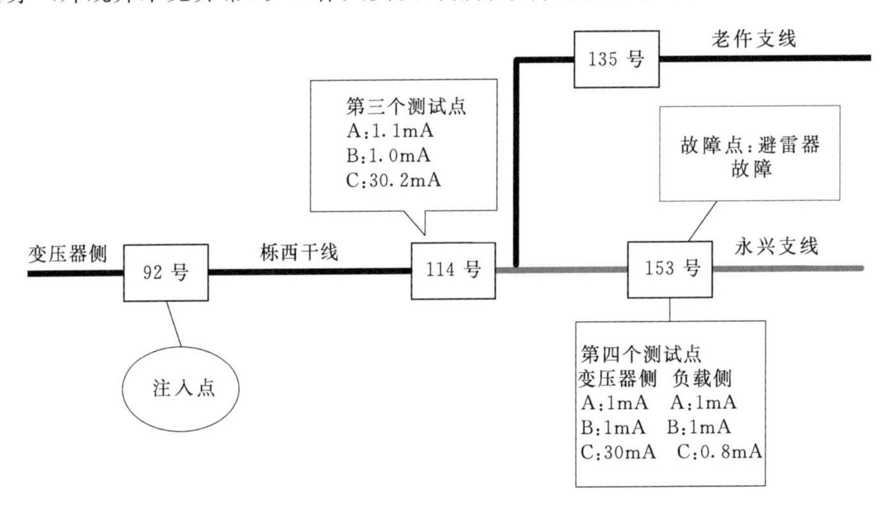

图 10.7 第二轮查找过程电流测量数据

避雷器内部被击穿，阻值很小，相当于线路与大地直接短接。所以 C 相电流会非常大，而 A、B 相并没有与大地形成回路，所以电流很小（分布电容电流）。此方案通过测量线路阻抗就可以直接确定接地类型；通过比较三相线路电流偏差判断哪一相为故障相，从而很巧妙地避开了线路分布电容电流的影响。使用这种方案，便于对故障进行快速分析判断。

2. 案例二

2016 年 3 月，某供电局 10kV 水巴线发生接地故障。该线路处于深山中，故障点不容易发现。工作人员在最短的时间内赶到了现场。停电线路示意停电线路示意图及第一轮查找过程电流测量数据如图 10.8 所示。

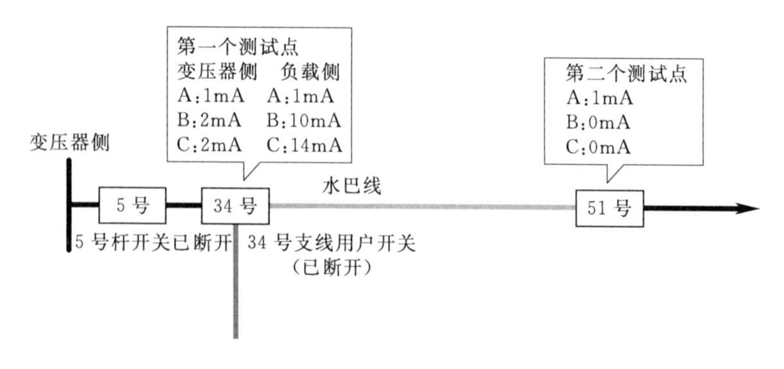

图 10.8　停电线路示意图及第一轮查找过程电流测量数据

根据现场实际情况，首先选择 34 号杆 T 接点前注入直流电流测量线路阻抗，信号源显示电压 2750V，电流 30mA，线路阻抗大约为 90kΩ，确定线路发生高阻接地。紧接着注入测量信号并在两侧进行测量。通过测量数据发现，变压器侧电流大致平衡且电流较小(差值小于 2mA 为正常)。负载侧的 B、C 相电流偏大。所以确定故障在负载侧。紧接着根据二分法在 51 号杆前注入电流，发现三相电流都几乎为零，说明故障在 34 号杆 T 接点和 51 号杆之间。

随后又对 42 号杆、37 号杆、36 号杆进行电流检测，根据结果判断故障在 36 号杆和 37 号杆之间。在 36 号和 37 号杆之间通过巡线发现一棵大树发生倾斜接触到了线路导致高阻接地。第二轮查找过程电流测量数据如图 10.9 所示。

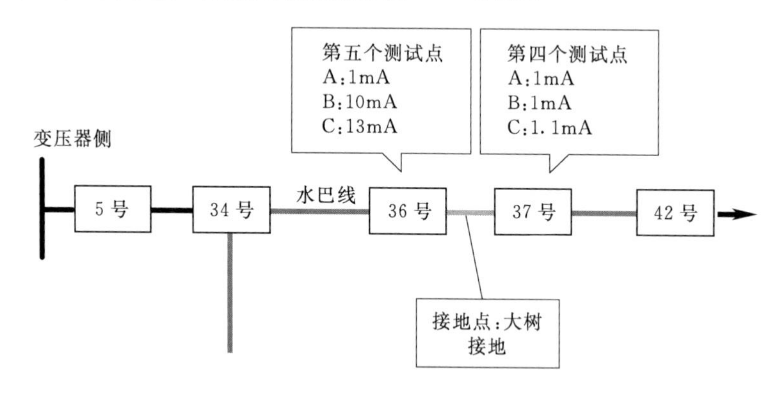

图 10.9　第二轮查找过程电流测量数据

此次故障点排查的难点在于，架空线路位于大山深处，交通不便，树木众多，仅凭肉眼很难排查几公里的线路。通过使用巡查助手逐步缩小故障范围，测量几次后就可以精确地确定故障点。节省了大量时间成本，同时也减少了线路停电带来的经济损失。

3. 案例三

2018 年 3 月 16 号凌晨，某供电局 10kV 和平线发生接地故障，停电线路全长 39km，该停电线路分支众多，交通不便。停电线路示意图如图 10.10 所示。按照以往的方法需要全线排查，耗费大量的人力，排除故障时间 1～2 天。供电局工作人员快速到达现场，经过对照线路分布图分析后，在接近故障区段中点处 21 号杆变压器侧注入检测信号。

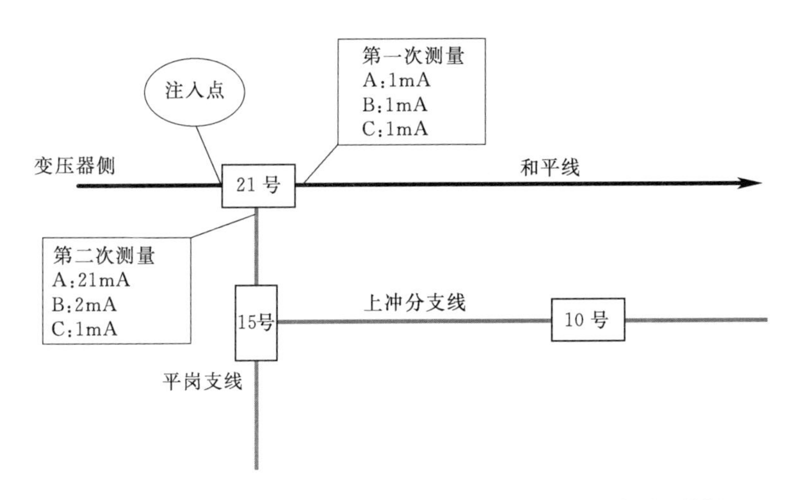

图 10.10　岳西停电线路示意图及第一轮查找过程电流测量数据

分别在 21 号杆的两条出线口测量异频电流，因为 21 号杆是一个线路分支杆，在出线口两侧都测量一次，就可以确定故障点在那个分支。岳西停电线路示意图及第一轮查找过程电流测量数据如图 10.10 所示。通过分析数据得知平岗支线 A 相电流偏大，和平线电流平衡，所以故障范围确定在平岗支线上。

接下来，依据二分法在平岗支线中间分支处 15 号杆两个出线口测量异频电流，电流数据如图 10.11 所示。

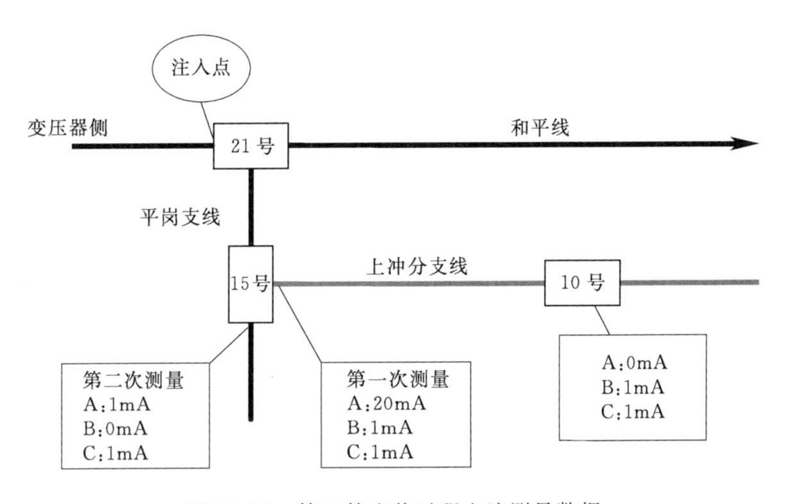

图 10.11　第二轮查找过程电流测量数据

通过分析数据发现上冲分支线 A 相电流偏大，其他相电流正常，故将故障缩小到了平岗支线的上充分支线，随后又测量了上充分支线的 10 号杆，将故障范围缩小到了上冲分支线 10 号杆的电源侧。最后按照同样的方法排查几次最后将故障锁定在 8 号杆和 9 号杆之间。发现是 8 号杆至 9 号杆的导线搭在弱电线路上导致接地。第三轮查找过程电流测量数据如图 10.12 所示。

此次排查的故障线路分支多，如果按照以往的方式排查需要 1～2 天的时间。这次使

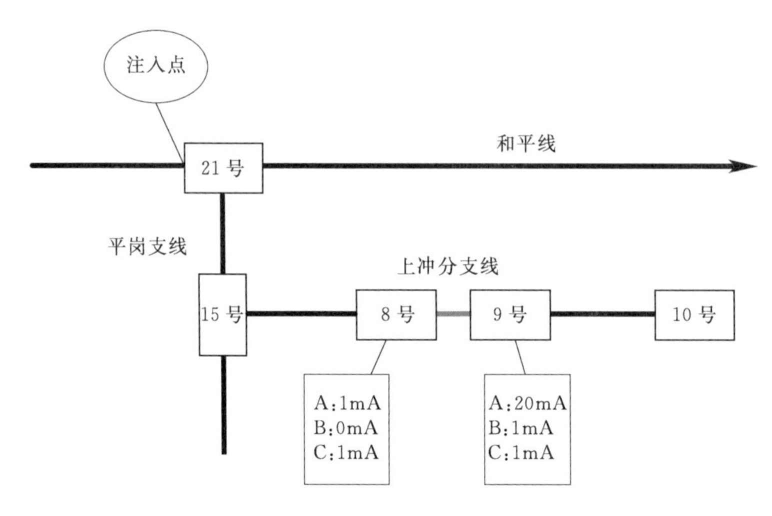

图 10.12　第三轮查找过程电流测量数据

用巡查助手排查，总共登杆 6 次，全程用时 2h，极大地缩短了故障排除的时间，提高了供电可靠性。

4. 案例四

以农牧业经济为主、具有温带季风气候的内蒙古呼伦贝尔草原每逢春季都会遭遇极端大风天气，造成电力设施破坏、停电多发，加之鸟害影响，线路故障多，为供电公司保电带来很大影响。

2017 年 5 月 10 号，10kV 某线路发生接地故障。17 号杆后面发生停电，故障线路全长 5km，无分支，交通相对便利。工作人员在接到停电通知后迅速赶到现场，晚上10：30开始在线路中点 20 号杆注入“检测信号”。第一轮查找过程电流测量数据如图 10.13 所示。

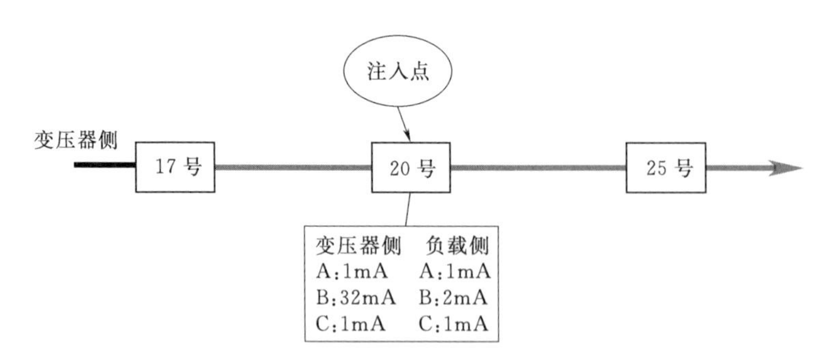

图 10.13　第一轮查找过程电流测量数据

通过分析发现注入点变压器侧 B 相电流非常大，其他相电流相对小且平衡，所以确定故障点在 17 号杆到 20 号杆之间且故障相别为 B 相。然后在 18 号杆变压器侧测量电流信号，发现变压器侧电流平衡，紧接着又在 18 号杆的负载侧测量电流，可以发现 B 相电流偏大。第二轮查找过程电流测量数据如图 10.14 所示。

由此确定 18 号杆发生了接地故障，最后工作人员爬上 18 号杆仔细检查发现是小鸟在

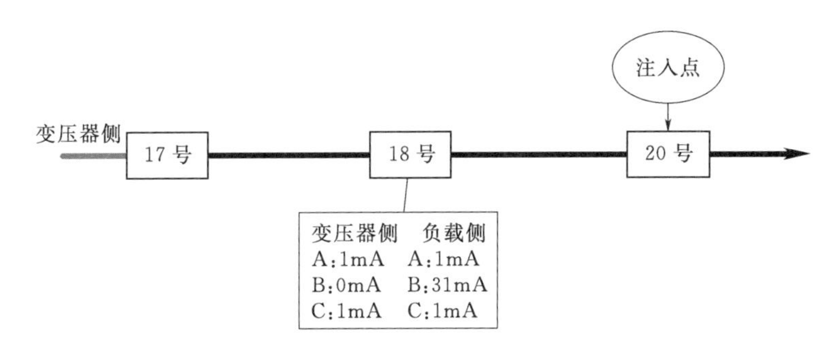

图 10.14 第二轮查找过程电流测量数据

T接杆位置搭建鸟窝，铁丝搭在线路和横担上，导致线路接地。随即将铁丝去除，故障排除。本次从停电到找到故障共用时40min，故障判断准确，获得了供电公司人员对设备的一致认可。

这次故障排查虽然线路简单，故障线路距离短，但是如果没有巡查助手，仅依靠人力巡查，很难发现搭接在线路上的铁丝。通过快速排除故障，提高了供电局的供电可靠性，保证了偏远地区牧民的用电质量。

10.5 本 章 小 结

(1) 相对于传统的信号注入法，改进的三相短接注入法无论是低阻接地还是高阻接地，都可以很好避开线路电容的存在而带来的误判风险。而且由于只需要判断注入电流是否平衡，与值的大小无关，所以信号注入电流值的大小不会影响故障定位的精度，对信号源注入设备功率要求降低，从而减轻设备重量和体积，适用于轻量化设计方案。

(2) 通过在电流采样回路增加低通滤波器环节滤除测量电流中的脉动成分，可以采用不经滤波的高压脉动直流法进行接地阻抗测量，从而实现接地阻抗测量装置的小型化轻量化设计。

(3) 结合接地阻抗测量和改进三相短接注入法的单相接地隐性故障查找解决方案及成套装置，该装置方便携带、操作简单，实际应用中采用二分法通过不断的排除非故障区段缩小故障区段范围，可以使故障查找更为快捷、准确，大幅度缩短故障停电时间，提高了供电可靠性和供电企业的服务水平。

本 章 参 考 文 献

[1] 郑有鹏，张国强，杨晓春，等．10kV配电线路单相接地故障点巡查装置研究及应用［J］．青海电力，2013，32（2）：29-31.

[2] 季涛，孙同景，徐丙垠，等．配电混合线路双端行波故障测距技术［J］．中国电机工程学报，2006，26（12）：89-94.

[3] 郑顾平，姜超，李刚，等．配网自动化系统中小电流接地故障区段定位方法［J］．中国电机工程学报，2012，32（13）：103-109.

[4] 潘贞存，张慧芬，张帆，等．信号注入式接地选线定位保护的分析与改进［J］．电力系统自动化，

2007，31（4）：71-75.
［5］ 王铭．小电流接地系统单相接地故障选线新方法的研究［D］．保定：华北电力大学，2005.
［6］ 陈生贵，卢继平，等．电力系统继电保护［M］．重庆：重庆大学出版社，2003.
［7］ 王慧，范正林，桑在中．“S注入法”与选线定位［J］．电力自动化设备，1999，19（3）：18-20.